수학 상위권 향상을 위한 문장제 해결력 완성

문제 해결의 길잡이

문제 해결의 길잡이 심화

수학 6학년

WRITERS

이재효
서울교육대학교 수학교육과, 한국교원대학교 대학원
수학 교과서, 수학 익힘책, 교사용 지도서 저자
교육과정 심의위원 역임
전 서울 문현초등학교 교장

김영기
서울교육대학교 수학교육과, 국민대학교 교육대학원
수학 교과서, 수학 익힘책, 교사용 지도서 저자
교육과정 심의위원 역임
전 서울 창동초등학교 교장

이용재
서울교육대학교 수학교육과, 한국교원대학교 대학원
수학 교과서, 수학 익힘책, 교사용 지도서 저자
교육과정 심의위원 역임
전 서울 영서초등학교 교감

COPYRIGHT

인쇄일 2023년 11월 1일(6판4쇄)
발행일 2022년 1월 3일

펴낸이 신광수
펴낸곳 (주)미래엔
등록번호 제16-67호

융합콘텐츠개발실장 황은주
개발책임 정은주 **개발** 나현미, 장혜승, 박새연, 박지민

디자인실장 손현지
디자인책임 김병석 **디자인** 디자인뷰

CS본부장 강윤구
제작책임 강승훈

ISBN 979-11-6841-046-6

이 책의 머리말

이솝 우화에 나오는 '여우와 신포도' 이야기를 떠올려 볼까요?
배가 고픈 여우가 포도를 따 먹으려고 하지만 손이 닿지 않았어요.
그러자 여우는 포도가 시고 맛없을 것이라고 말하며 포기하고 말았죠.

만약 여러분이라면 어떻게 했을까요?
여우처럼 그럴듯한 핑계를 대며 포기했을 수도 있고,
의자나 막대기를 이용해서 마침내 포도를 따서 먹었을 수도 있어요.

어려움 앞에서 포기하지 않고
어떻게든 이루어 보려는 마음, 그 마음이 바로 '도전'입니다.
수학 앞에서 머뭇거리지 말고 뛰어넘으려는 마음을 가져 보세요.

"문제 해결의 길잡이 심화"는
여러분의 도전이 빛날 수 있도록 길을 밝혀 줄 거예요.
도전하려는 마음이 생겼다면, 이제 출발해 볼까요?

전략 세움

해결 전략 수립으로 상위권 실력에 도전하기

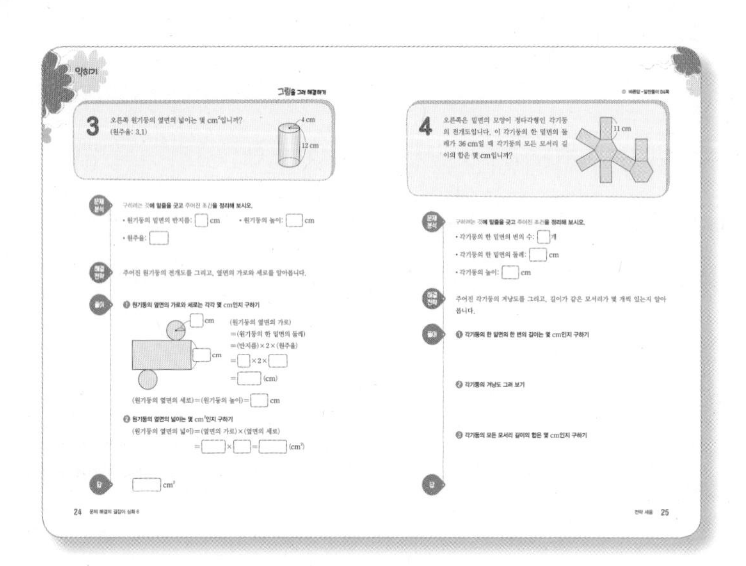

익히기

문제를 분석하고 해결 전략을 세운 후에 단계적으로 풀이합니다. 이 과정을 반복하여 집중 연습하면 스스로 해결하는 힘이 길러집니다.

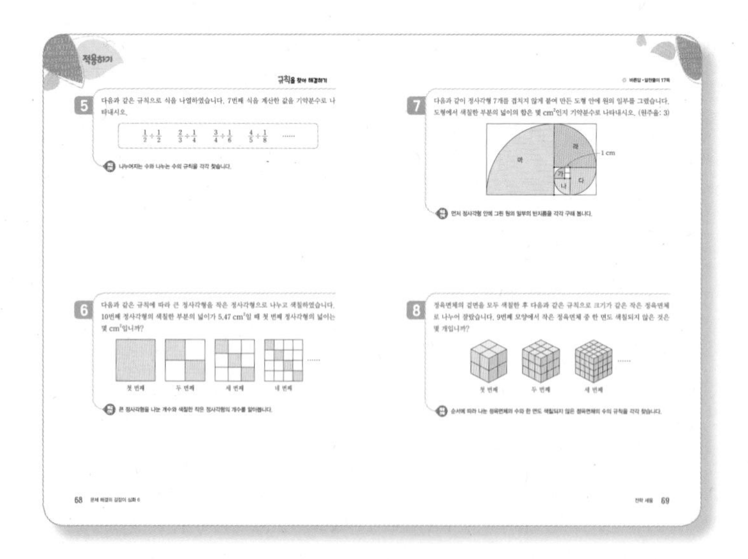

적용하기

스스로 문제를 분석한 후에 주어진 해결 전략을 참고하여 문제를 풀이합니다. 혼자서 해결 전략을 세울 수 있다면 바로 풀이해도 됩니다.

최고의 실력으로 이끌어 주는 문제 풀이 동영상

해결 전략을 세우는 데 어려움이 있다면? 풀이 과정에 궁금증이 생겼다면?
문제 풀이 동영상을 보면서 해결 전략 수립과 풀이 과정을 확인합니다!

전략 이룸

해결 전략 완성으로 문장제·서술형 고난도 유형 도전하기

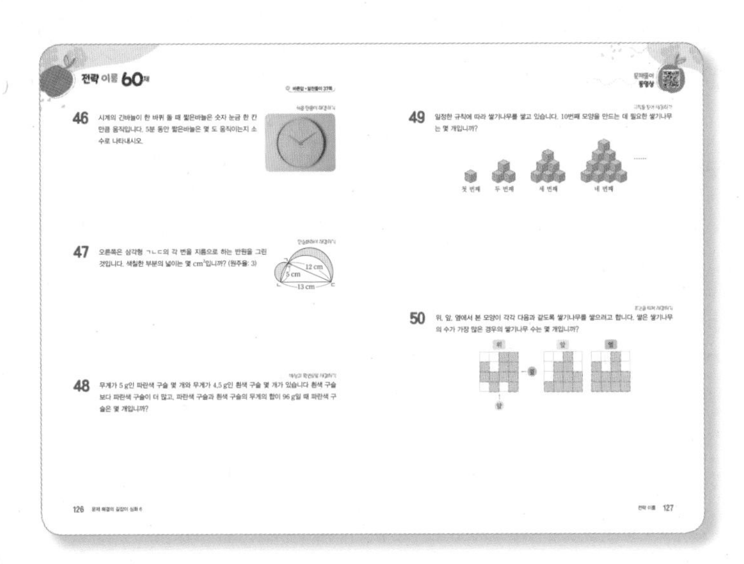

문제를 분석하여 스스로 해결 전략을 세우고 풀이하는 단계입니다. 이를 통해 고난도 유형을 풀어내는 향상된 실력을 확인합니다.

경시 대비 평가 [별책]

최고 수준 문제로 교내외 경시 대회 도전하기

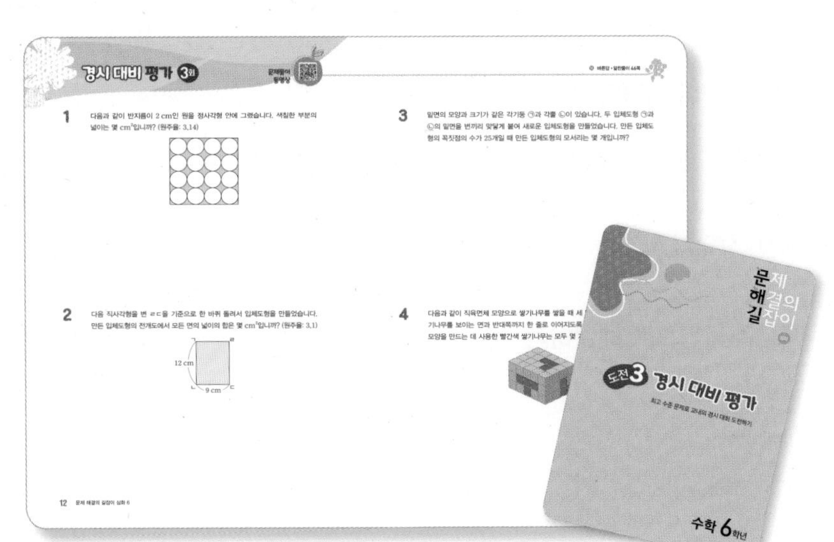

문해길 학습의 최종 단계입니다. 최고 수준 문제로 각종 경시 대회를 준비합니다.

이 책의 차례

도전 1 전략 세움

도전 2 전략 이름 60제

도전 3 경시 대비 평가 [별책]

[바른답 · 알찬풀이]

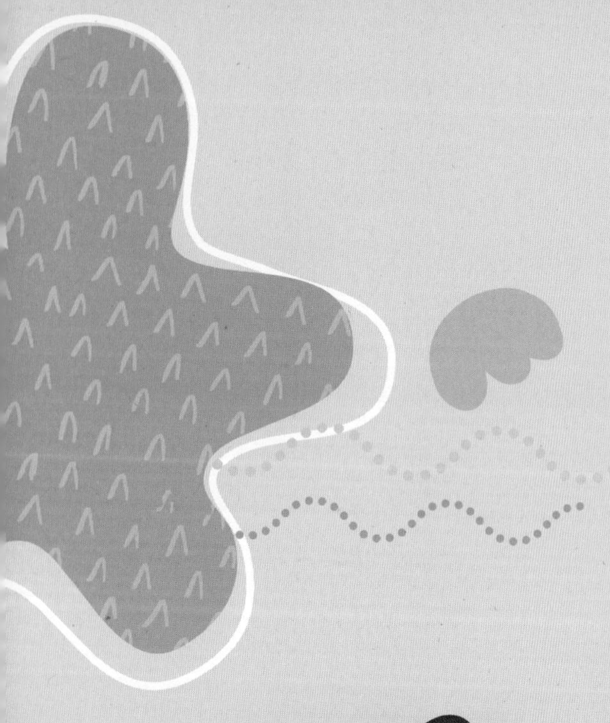

해결 전략 수립으로 상위권 실력에 도전하기

나의 공부 계획

		쪽수	공부한 날	확인
식을 만들어 해결하기	익히기	10 ~ 11쪽	월 일	
		12 ~ 13쪽	월 일	
		14 ~ 15쪽	월 일	
	적용하기	16 ~ 17쪽	월 일	
		18 ~ 19쪽	월 일	
그림을 그려 해결하기	익히기	22 ~ 23쪽	월 일	
		24 ~ 25쪽	월 일	
		26 ~ 27쪽	월 일	
		28 ~ 29쪽	월 일	
	적용하기	30 ~ 31쪽	월 일	
		32 ~ 33쪽	월 일	
표를 만들어 해결하기	익히기	36 ~ 37쪽	월 일	
		38 ~ 39쪽	월 일	
		40 ~ 41쪽	월 일	
	적용하기	42 ~ 43쪽	월 일	
		44 ~ 45쪽	월 일	
거꾸로 풀어 해결하기	익히기	48 ~ 49쪽	월 일	
		50 ~ 51쪽	월 일	
		52 ~ 53쪽	월 일	
	적용하기	54 ~ 55쪽	월 일	
		56 ~ 57쪽	월 일	
규칙을 찾아 해결하기	익히기	60 ~ 61쪽	월 일	
		62 ~ 63쪽	월 일	
		64 ~ 65쪽	월 일	
	적용하기	66 ~ 67쪽	월 일	
		68 ~ 69쪽	월 일	
예상과 확인으로 해결하기	익히기	72 ~ 73쪽	월 일	
		74 ~ 75쪽	월 일	
	적용하기	76 ~ 77쪽	월 일	
		78 ~ 79쪽	월 일	
조건을 따져 해결하기	익히기	82 ~ 83쪽	월 일	
		84 ~ 85쪽	월 일	
		86 ~ 87쪽	월 일	
	적용하기	88 ~ 89쪽	월 일	
		90 ~ 91쪽	월 일	
단순화하여 해결하기	익히기	94 ~ 95쪽	월 일	
		96 ~ 97쪽	월 일	
		98 ~ 99쪽	월 일	
		100 ~ 101쪽	월 일	
	적용하기	102 ~ 103쪽	월 일	
		104 ~ 105쪽	월 일	

수학의 모든 문제는 8가지 해결 전략으로 통한다!

문·해·길 전략 세움으로 문제 해결력 상승!

1 식을 만들어 해결하기
문제에 주어진 상황과 조건을 수와 계산 기호로 나타내어 해결하는 전략

2 그림을 그려 해결하기
문제에 주어진 조건과 관계를 간단한 도형, 수직선 등으로 나타내어 해결하는 전략

3 표를 만들어 해결하기
문제에 제시된 수 사이의 대응 관계를 표로 나타내어 해결하는 전략

4 거꾸로 풀어 해결하기
문제 안에 조건에 대한 결과가 주어졌을 때 결과에서부터 거꾸로 생각하여 해결하는 전략

5 규칙을 찾아 해결하기
문제에 주어진 정보를 분석하여 그 안에 숨어 있는 규칙을 찾아 해결하는 전략

6 예상과 확인으로 해결하기
문제의 답을 미리 예상해 보고 그 답이 문제의 조건에 맞는지 확인하는 과정을 반복하여 해결하는 전략

7 조건을 따져 해결하기
문제에 주어진 조건을 따져가며 차례대로 실마리를 찾아 해결하는 전략

8 단순화하여 해결하기
문제에 제시된 상황이 복잡한 경우 이것을 간단한 상황으로 단순하게 나타내어 해결하는 전략

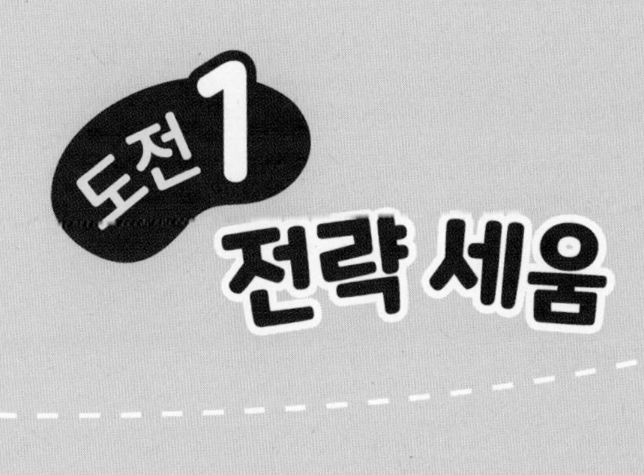

식을 만들어 해결하기

익히기

식을 만들어 해결하기

1 나율이가 자전거를 타고 7 km를 가는 데 21분 35초가 걸립니다. 나율이가 자전거를 타고 4 km를 가는 데 걸리는 시간은 몇 분 몇 초입니까? (단, 자전거를 타고 1분 동안 가는 거리는 일정합니다.)

문제 분석

구하려는 것에 밑줄을 긋고 주어진 조건을 정리해 보시오.

• 자전거를 타고 7 km를 가는 데 걸리는 시간: □분 □초

• 자전거를 타고 가는 거리: 4 km

해결 전략

• 1 km를 가는 데 걸리는 시간은 (곱셈식 , 나눗셈식)을 만들어 구합니다.

• 4 km를 가는 데 걸리는 시간은 (곱셈식 , 나눗셈식)을 만들어 구합니다.

풀이

① 1 km를 가는 데 걸리는 시간은 몇 분인지 구하기

1분$=\square$초이므로 21분 35초$=21\frac{\square}{60}$분$=21\frac{\square}{12}$분입니다.

(1 km를 가는 데 걸리는 시간)$=$(7 km를 가는 데 걸리는 시간)$\div 7$

$=21\frac{\square}{12}\div 7=\frac{\square}{12}\times\frac{1}{\square}=\square$(분)

② 4 km를 가는 데 걸리는 시간은 몇 분 몇 초인지 구하기

(4 km를 가는 데 걸리는 시간)$=$(1 km를 가는 데 걸리는 시간)$\times 4$

$=\square\times 4=\square\frac{\square}{3}$(분) ➡ □분 □초

답

□분 □초

바른답 • 알찬풀이 01쪽

2

길이가 27.3 cm인 양초가 있습니다. 이 양초에 불을 붙이면 8분 동안 1.12 cm만큼 탑니다. 이 양초가 모두 타는 데 걸리는 시간은 몇 시간 몇 분입니까? (단, 양초가 1분 동안 타는 길이는 일정합니다.)

문제 분석

구하려는 것에 밑줄을 긋고 주어진 조건을 정리해 보시오.

- 양초의 길이: ☐ cm
- 양초가 8분 동안 타는 길이: ☐ cm

해결 전략

- (1분 동안 타는 양초의 길이)=(8분 동안 타는 양초의 길이)÷☐
- (양초가 모두 타는 데 걸리는 시간)
  =(전체 양초의 길이)÷(1분 동안 타는 양초의 길이)

풀이

① 1분 동안 타는 양초의 길이는 몇 cm인지 구하기

② 양초가 모두 타는 데 걸리는 시간은 몇 시간 몇 분인지 구하기

답

식을 만들어 해결하기

3 어느 공장에서 생산하는 청소기의 불량률을 백분율로 나타내면 2.4 %입니다. 이 공장에서 이번 달에 청소기를 750대 생산했다면 이 중 판매할 수 있는 청소기는 몇 대입니까? (단, 제품의 불량률은 일정하고 불량품은 판매할 수 없습니다.)

문제 분석 구하려는 것에 밑줄을 긋고 주어진 조건을 정리해 보시오.

- 생산하는 청소기의 불량률: ☐ %
- 이번 달에 생산한 청소기 수: ☐대
- 불량품은 판매할 수 없습니다.

해결 전략

- 백분율 ■ %를 소수로 나타내면 ■ ÷ ☐입니다.
- (비교하는 양) = (☐) × (비율)

풀이

❶ **제품의 불량률을 소수로 나타내기**

백분율 2.4 %를 소수로 나타내면 2.4 ÷ ☐ = ☐입니다.

❷ **이번 달에 생산한 청소기 중 불량품은 몇 대인지 구하기**

(불량품 수) = (이번 달에 생산한 청소기 수) × (불량률)

= ☐ × ☐ = ☐(대)

❸ **이번 달에 판매할 수 있는 청소기는 몇 대인지 구하기**

(판매할 수 있는 청소기 수) = (이번 달에 생산한 청소기 수) − (불량품 수)

= ☐ − ☐ = ☐(대)

답 ☐대

바른답 • 알찬풀이 01쪽

4

어느 공장에서 지난주에 컵을 162개 생산했을 때 불량품이 9개 나왔다고 합니다. 지난주와 같은 비율로 불량품이 나온다면 이번 주에 컵을 180개 생산할 때 판매할 수 있는 컵은 몇 개입니까? (단, 불량품은 판매할 수 없습니다.)

문제 분석 구하려는 것에 밑줄을 긋고 주어진 조건을 정리해 보시오.

- 지난주에 생산한 컵 수: ☐개
- 지난주에 생산한 컵 중 불량품 수: ☐개
- 이번 주에 생산한 컵 수: ☐개
- 불량품은 판매할 수 없습니다.

$(\text{불량률})=\dfrac{(\text{불량품 수})}{(\text{생산한 제품 수})}$

풀이

❶ 제품의 불량률을 기약분수로 나타내기

❷ 이번 주에 생산한 컵 중 불량품은 몇 개인지 구하기

❸ 이번 주에 판매할 수 있는 컵은 몇 개인지 구하기

답

식을 만들어 해결하기

5

오른쪽 직육면체의 부피가 792 cm^3일 때 이 직육면체의 겉넓이는 몇 cm^2입니까?

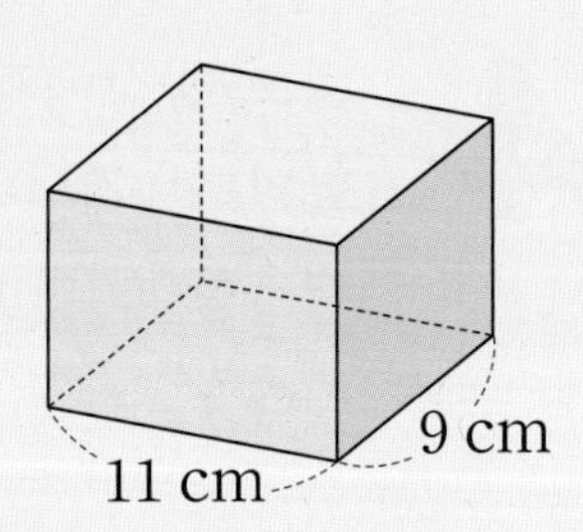

문제 분석

구하려는 것에 밑줄을 긋고 주어진 조건을 정리해 보시오.

- 직육면체의 부피: ☐ cm^3
- 직육면체의 가로: 11 cm
- 직육면체의 세로: ☐ cm

해결 전략

- (직육면체의 부피)=(가로)×(세로)×(☐)
- 직육면체에서 마주 보는 세 쌍의 면이 서로 합동이므로 직육면체의 겉넓이는 한 꼭짓점에서 만나는 세 면의 넓이의 합의 ☐배입니다.

풀이

❶ **직육면체의 높이는 몇 cm인지 구하기**

(높이)=(직육면체의 ☐)÷(가로)÷(세로)

=☐÷11÷☐=☐ (cm)

❷ **직육면체의 겉넓이는 몇 cm^2인지 구하기**

(직육면체의 겉넓이)=(한 꼭짓점에서 만나는 세 면의 넓이의 합)×☐

=(11×9+9×☐+☐×11)×☐

=☐ (cm^2)

답 ☐ cm^2

바른답 • 알찬풀이 01쪽

6

오른쪽 정육면체의 부피가 125 cm^3일 때 이 정육면체의 겉넓이는 몇 cm^2입니까?

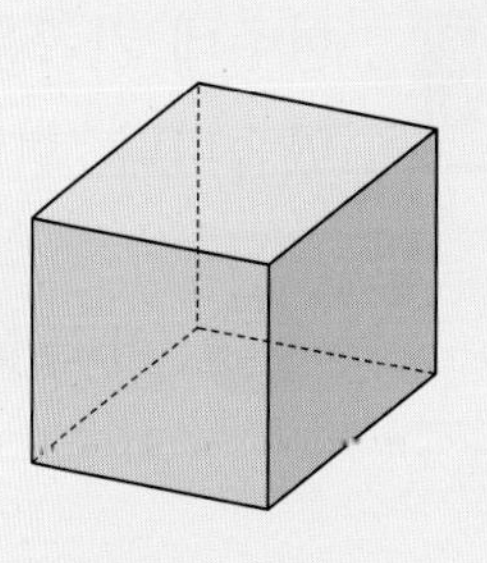

문제 분석

구하려는 것에 밑줄을 긋고 주어진 조건을 정리해 보시오.

정육면체의 부피: ☐ cm^3

- (정육면체의 부피)
  =(한 모서리의 길이)×(☐)×(☐)
- 정육면체는 모든 면의 넓이가 같고 면이 ☐개이므로 정육면체의 겉넓이는 한 면의 넓이의 ☐배입니다.

풀이

① 정육면체의 한 모서리의 길이는 몇 cm인지 구하기

② 정육면체의 겉넓이는 몇 cm^2인지 구하기

답

1 현주네 가족은 이번 달 총 지출액 192만원 중 25 %를 식료품을 구입하는 데 사용하였습니다. 현주네 가족이 식료품을 구입하는 데 사용한 금액은 얼마입니까?

해결 전략 (식료품을 구입하는 데 사용한 금액)=(총 지출액)×(비율)

2 오른쪽과 같이 육각기둥을 색칠한 면을 따라 잘랐습니다. 이때 생기는 두 각기둥의 꼭짓점 수의 합은 몇 개입니까?

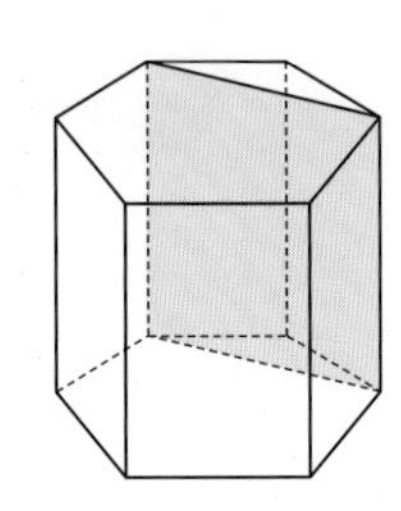

해결 전략 색칠한 면을 따라 잘랐을 때 생기는 두 각기둥의 밑면의 모양을 알아봅니다.

3 물과 매실원액을 8 : 3의 비율로 섞어 매실차를 만들었습니다. 섞은 매실원액의 양이 75 mL일 때 만든 매실차는 몇 mL입니까?

해결 전략 섞은 물의 양을 □ mL라 하여 비례식을 세워 봅니다.

바른답 • 알찬풀이 02쪽

밑면의 모양이 오른쪽과 같은 각뿔이 있습니다. 이 각뿔과 면의 수가 같은 각기둥의 이름을 쓰시오.

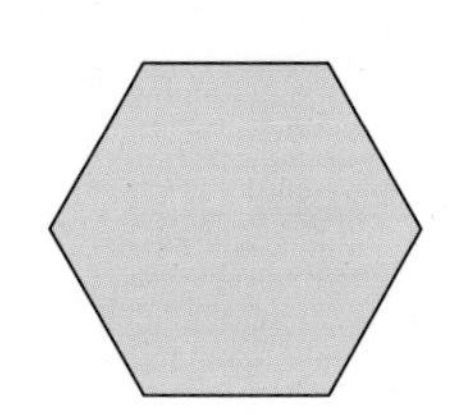

- (각뿔의 면의 수)=(밑면의 변의 수)+1
- (각기둥의 면의 수)=(한 밑면의 변의 수)+2

5

겉넓이가 486 cm^2인 정육면체가 두 개 있습니다. 두 정육면체를 다음과 같이 면끼리 맞닿게 붙여 직육면체를 만들었습니다. 만든 직육면체의 부피는 몇 cm^3입니까?

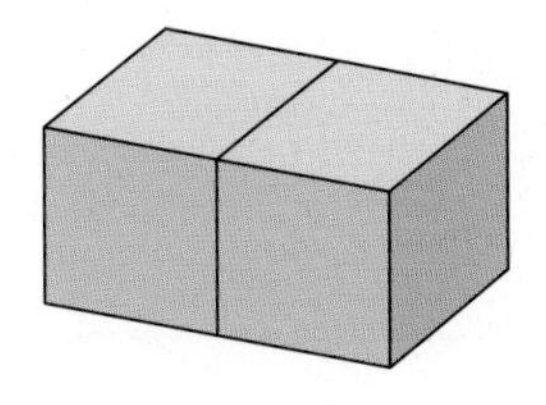

먼저 정육면체의 한 모서리의 길이를 구합니다.

6 다음은 평행사변형을 합동인 28개의 평행사변형으로 나눈 것입니다. 색칠한 부분의 넓이는 몇 m^2입니까?

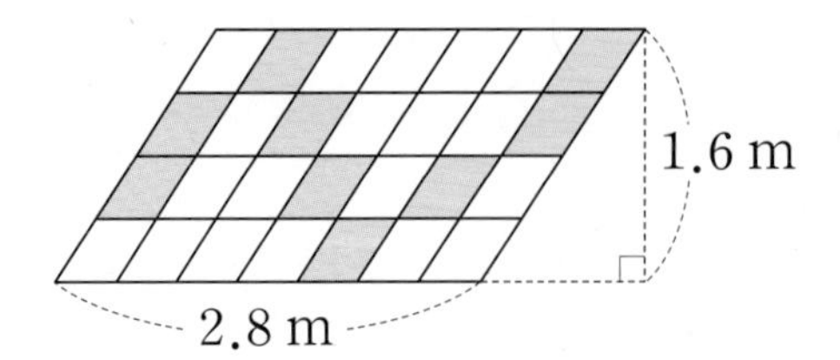

해결 전략 먼저 가장 작은 평행사변형 한 개의 넓이를 구합니다.

7 어느 가게에서 어제는 양말 3켤레를 4500원에 팔았고, 오늘은 똑같은 양말 5켤레를 할인하여 5400원에 팔았습니다. 양말 한 켤레의 할인율은 몇 %입니까?

해결 전략 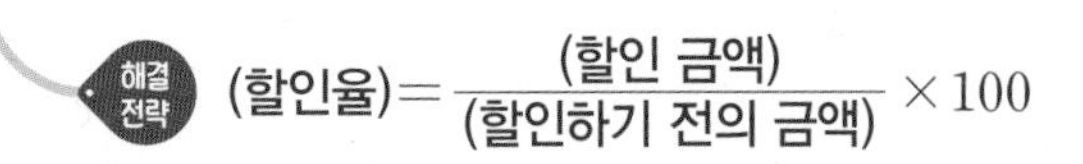

$$(\text{할인율})=\frac{(\text{할인 금액})}{(\text{할인하기 전의 금액})}\times 100$$

8 두께가 같은 철판으로 원 모양 조각과 직사각형 모양 조각을 만들었습니다. 원 모양 조각의 무게는 15 kg이고, 직사각형 모양 조각의 무게는 3 kg입니다. 직사각형 모양 조각의 넓이가 240 cm^2일 때 원 모양 조각의 넓이는 몇 cm^2입니까?

해결 전략 원 모양 조각의 넓이를 □ cm^2라 하여 비례식을 세워 봅니다.

9 가로가 $4\frac{4}{9}$ m, 세로가 5 m인 직사각형 모양의 벽을 칠하는 데 $2\frac{2}{3}$ L의 페인트가 필요합니다. 6 L의 페인트로 칠할 수 있는 벽의 넓이는 몇 m^2입니까?

- (페인트 1 L로 칠할 수 있는 벽의 넓이)=(벽의 넓이)÷(필요한 페인트 양)
- (페인트 6 L로 칠할 수 있는 벽의 넓이)=(페인트 1 L로 칠할 수 있는 벽의 넓이)×6

10 재진이가 1분에 42 m씩 걸어서 호수의 둘레를 한 바퀴 도는 데 28분 15초가 걸렸습니다. 유주가 같은 호수의 둘레를 한 바퀴 도는 데 36분이 걸렸다면 유주가 1분 동안 간 거리는 몇 m인지 반올림하여 소수 둘째 자리까지 나타내시오. (단, 두 사람이 1분 동안 가는 거리는 각각 일정합니다.)

- (호수의 둘레)=(재진이가 1분 동안 간 거리)×(걸린 시간)
- (유주가 1분 동안 간 거리)=(호수의 둘레)÷(걸린 시간)

도전, 창의사고력

바른답 • 알찬풀이 03쪽

다음 보물섬 지도에서 모닥불과 항구 사이의 실제 직선거리는 150 km입니다. 항구와 보물 상자 사이의 실제 직선거리는 몇 km입니까?

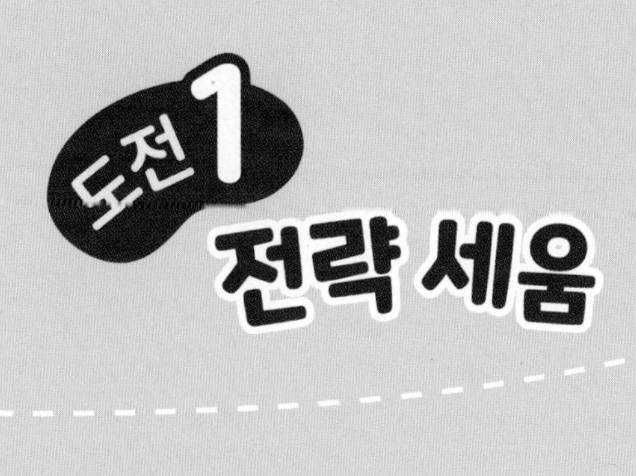

그림을 그려 해결하기

그림을 그려 해결하기

1

현아네 과수원에서 올해 수확한 사과 전체의 $\frac{4}{7}$를 가 상점에 팔고, 나머지의 $\frac{7}{9}$을 나 상점에 팔았습니다. 두 상점에 팔고 남은 사과가 80 kg이라면 현아네 과수원에서 올해 수확한 사과는 모두 몇 kg입니까?

문제 분석

구하려는 것에 밑줄을 긋고 주어진 조건을 정리해 보시오.

- 가 상점에 판 사과: 전체의 ☐
- 나 상점에 판 사과: 나머지의 $\frac{7}{9}$
- 두 상점에 팔고 남은 사과의 무게: ☐ kg

해결 전략

판 사과와 남은 사과의 무게를 그림으로 나타내 봅니다.

풀이

❶ 가 상점과 나 상점에 판 사과와 남은 사과의 무게를 그림으로 나타내기

가 상점에 판 사과	나 상점에 판 사과	남은 사과

☐ kg

❷ 가 상점과 나 상점에 판 사과는 각각 몇 kg인지 구하기

그림에서 작은 칸 하나의 크기는 $80 \div 2 =$ ☐ (kg)을 나타냅니다.

➡ (가 상점에 판 사과의 무게)$=$ ☐ $\times 12 =$ ☐ (kg)

➡ (나 상점에 판 사과의 무게)$=$ ☐ $\times 7 =$ ☐ (kg)

❸ 현아네 과수원에서 올해 수확한 사과는 모두 몇 kg인지 구하기

(가 상점에 판 사과의 무게)$+$(나 상점에 판 사과의 무게)$+$(남은 사과의 무게)

$=$ ☐ $+$ ☐ $+$ ☐ $=$ ☐ (kg)

답 ☐ kg

바른답 • 알찬풀이 04쪽

2 신우는 이달에 받은 용돈 전체의 $\frac{3}{8}$은 학용품을 사는 데 쓰고, 나머지의 $\frac{7}{10}$은 선물을 사는 데 썼습니다. 남은 금액 3300원을 모두 저금하였다면 신우가 이달에 받은 용돈은 모두 얼마입니까?

문제 분석 구하려는 것에 밑줄을 긋고 주어진 조건을 정리해 보시오.

- 학용품을 사는 데 쓴 금액: 전체의 ☐
- 선물을 사는 데 쓴 금액: 나머지의 ☐
- 저금한 금액: ☐원

해결 전략 쓴 금액과 저금한 금액을 그림으로 나타내 봅니다.

풀이

① 학용품과 선물을 사는 데 쓴 금액과 저금한 금액을 그림으로 나타내기

② 학용품을 사는 데 쓴 금액과 선물을 사는 데 쓴 금액은 각각 얼마인지 구하기

③ 신우가 이달에 받은 용돈은 모두 얼마인지 구하기

답

익히기

그림을 그려 해결하기

3 오른쪽 원기둥의 옆면의 넓이는 몇 cm^2입니까? (원주율: 3.1)

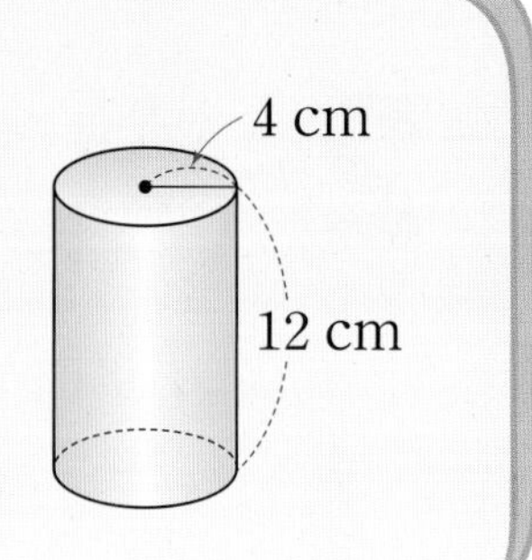

문제 분석 구하려는 것에 밑줄을 긋고 주어진 조건을 정리해 보시오.

- 원기둥의 밑면의 반지름: ☐ cm
- 원기둥의 높이: ☐ cm
- 원주율: ☐

해결 전략 주어진 원기둥의 전개도를 그리고, 옆면의 가로와 세로를 알아봅니다.

풀이

❶ 원기둥의 옆면의 가로와 세로는 각각 몇 cm인지 구하기

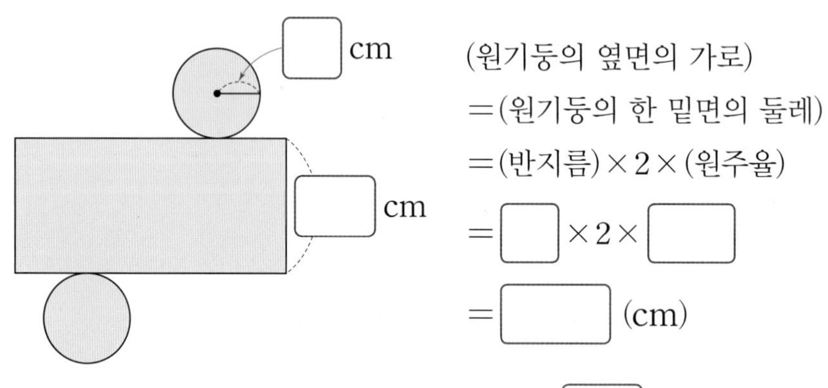

(원기둥의 옆면의 가로)
=(원기둥의 한 밑면의 둘레)
=(반지름)×2×(원주율)
=☐×2×☐
=☐ (cm)

(원기둥의 옆면의 세로)=(원기둥의 높이)=☐ cm

❷ 원기둥의 옆면의 넓이는 몇 cm^2인지 구하기

(원기둥의 옆면의 넓이)=(옆면의 가로)×(옆면의 세로)

=☐×☐=☐ (cm^2)

답 ☐ cm^2

바른답 • 알찬풀이 04쪽

4

오른쪽은 밑면의 모양이 정다각형인 각기둥의 전개도입니다. 이 각기둥의 한 밑면의 둘레가 36 cm일 때 각기둥의 모든 모서리 길이의 합은 몇 cm입니까?

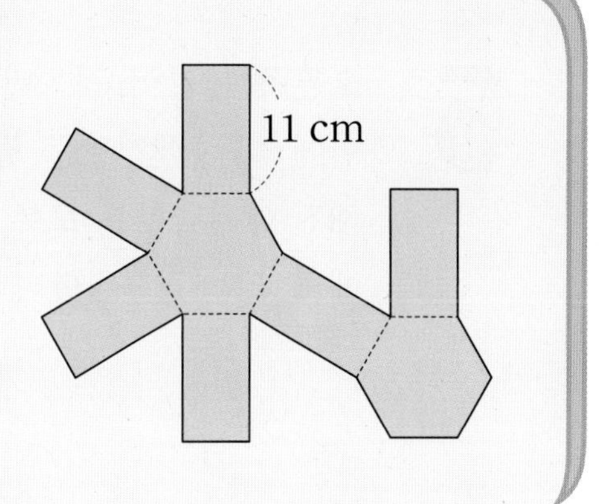

문제 분석 구하려는 것에 밑줄을 긋고 주어진 조건을 정리해 보시오.

- 각기둥의 한 밑면의 변의 수: ☐개
- 각기둥의 한 밑면의 둘레: ☐ cm
- 각기둥의 높이: ☐ cm

해결 전략 주어진 각기둥의 겨냥도를 그리고, 길이가 같은 모서리가 몇 개씩 있는지 알아봅니다.

풀이

❶ 각기둥의 한 밑면의 한 변의 길이는 몇 cm인지 구하기

❷ 각기둥의 겨냥도 그려 보기

❸ 각기둥의 모든 모서리 길이의 합은 몇 cm인지 구하기

답

그림을 그려 해결하기

5 오른쪽과 같이 정육면체 모양으로 쌓기나무를 쌓고, 겉면에 모두 페인트를 칠했습니다. 한 면에만 페인트가 칠해진 쌓기나무는 모두 몇 개입니까? (단, 바닥에 닿는 면에도 페인트를 칠합니다.)

문제 분석 구하려는 것에 밑줄을 긋고 주어진 조건을 정리해 보시오.

- 쌓기나무로 쌓은 모양: ☐ • 한 모서리에 놓은 쌓기나무 수: ☐개
- 겉면에 모두 페인트를 칠했습니다.

해결 전략

- 한 면에만 페인트가 칠해진 쌓기나무는 정육면체의 어느 부분에 있는지 알아봅니다.
- 정육면체의 면은 ☐개입니다.

풀이

① 한 면에만 페인트가 칠해진 쌓기나무 찾아 색칠하기

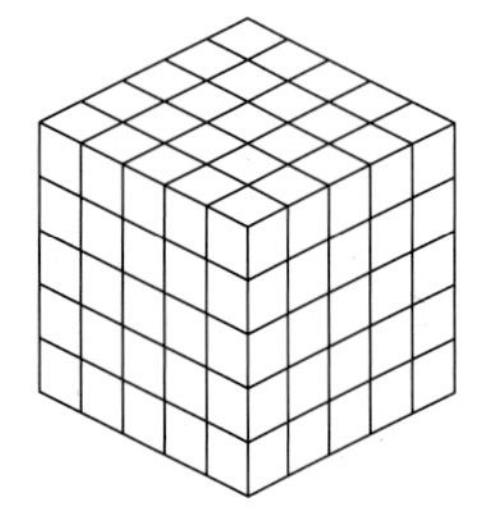

한 면에만 페인트가 칠해진 쌓기나무는
정육면체 각 면의 (모서리 , 꼭짓점 , 가운데)에
있는 쌓기나무입니다.

② 한 면에만 페인트가 칠해진 쌓기나무는 모두 몇 개인지 구하기

한 면에만 페인트가 칠해진 쌓기나무는 쌓은 정육면체의 한 면에 ☐개씩 있고, 정육면체의 면은 6개입니다.

➡ (한 면에만 페인트가 칠해진 쌓기나무의 수)$=$☐$\times 6=$☐(개)

답 ☐개

바른답 • 알찬풀이 04쪽

6

오른쪽과 같이 정육면체 모양으로 쌓기나무를 쌓고, 겉면에 모두 페인트를 칠했습니다. 두 면에만 페인트가 칠해진 쌓기나무는 모두 몇 개입니까? (단, 바닥에 닿는 면에도 페인트를 칠합니다.)

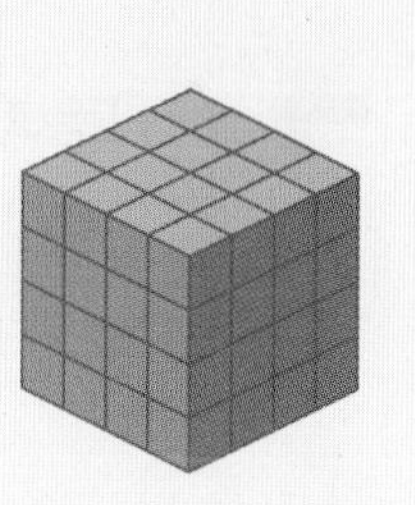

문제 분석

구하려는 것에 밑줄을 긋고 주어진 조건을 정리해 보시오.

• 쌓기나무로 쌓은 모양: ☐

• 한 모서리에 놓은 쌓기나무 수: ☐개

• 겉면에 모두 페인트를 칠했습니다.

해결 전략

• 두 면에만 페인트가 칠해진 쌓기나무는 정육면체의 어느 부분에 있는지 알아봅니다.

• 정육면체의 모서리는 ☐개입니다.

풀이

① 두 면에만 페인트가 칠해진 쌓기나무 찾아 색칠하기

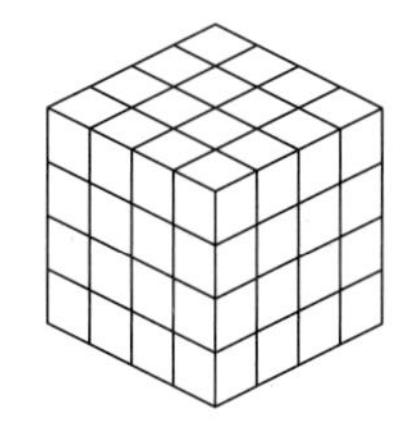

② 두 면에만 페인트가 칠해진 쌓기나무는 모두 몇 개인지 구하기

답

그림을 그려 해결하기

7

다음과 같이 반지름이 5 cm인 원이 직선 위에서 한 바퀴 굴러 이동하였습니다. 원이 지나가는 자리의 넓이는 몇 cm^2입니까? (원주율: 3.14)

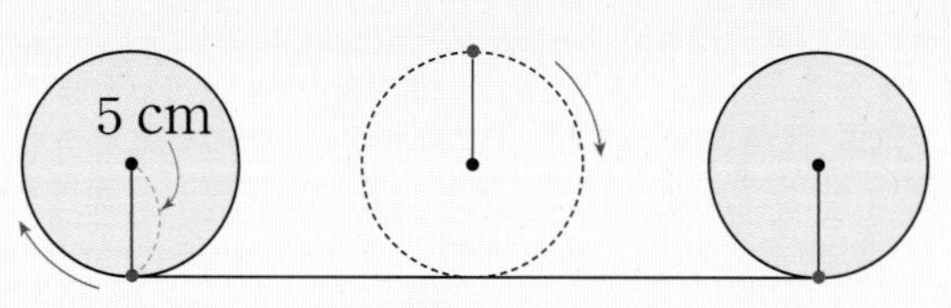

문제 분석 구하려는 것에 밑줄을 긋고 주어진 조건을 정리해 보시오.

• 원의 반지름: ☐ cm • 원이 구른 횟수: 한 바퀴 • 원주율: ☐

해결 전략 (원이 지나가는 자리의 넓이)=(원 부분 넓이의 합)+(직사각형 부분의 넓이)

풀이

❶ 원이 지나가는 자리를 그리고 각 부분의 길이는 몇 cm인지 알아보기

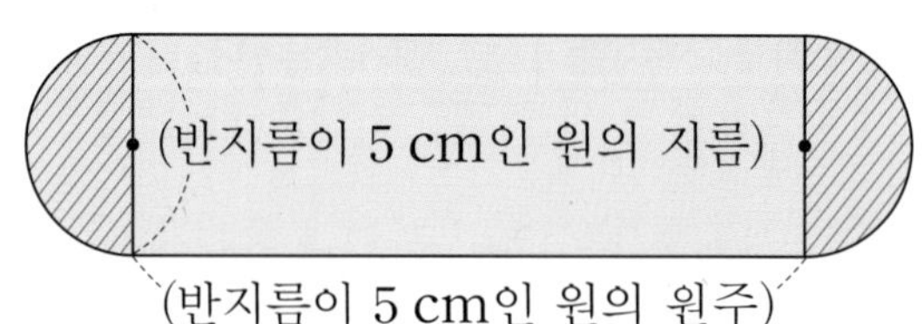

(직사각형의 가로)=☐×2×☐=☐ (cm)

(직사각형의 세로)=☐×2=☐ (cm)

❷ 원이 지나가는 자리의 넓이는 몇 cm^2인지 구하기

(직사각형 부분의 넓이)=☐×☐=☐ (cm^2)

(빗금 친 부분의 넓이)=(반지름이 ☐ cm인 원의 넓이)

=☐×☐×☐=☐ (cm^2)

➡ (원이 지나가는 자리의 넓이)=☐+☐=☐ (cm^2)

답 ☐ cm^2

바른답 • 알찬풀이 05쪽

8 오른쪽과 같이 반지름이 3 cm인 원이 한 변의 길이가 10 cm인 정사각형의 둘레를 따라 돌고 있습니다. 원이 지나가는 자리의 넓이는 몇 cm^2입니까? (원주율: 3.1)

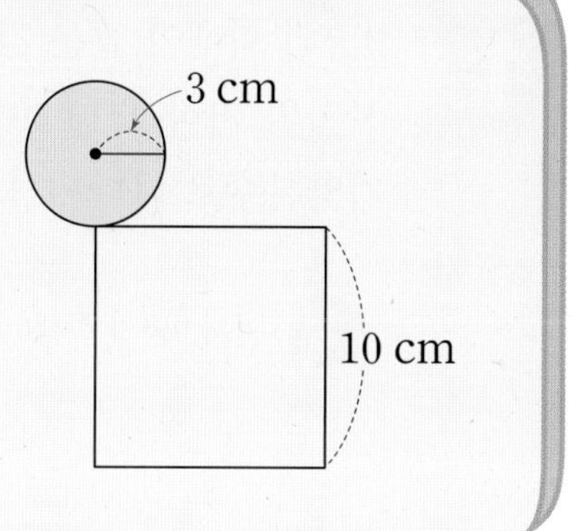

문제 분석 구하려는 것에 밑줄을 긋고 주어진 조건을 정리해 보시오.

- 원의 반지름: ☐ cm
- 정사각형의 한 변의 길이: ☐ cm
- 원이 정사각형의 둘레를 따라 돌고 있습니다.
- 원주율: ☐

해결 전략 (원이 지나가는 자리의 넓이)=(원 부분 넓이의 합)+(직사각형 부분 넓이의 합)

풀이

❶ 원이 지나가는 자리를 그리고 각 부분의 길이는 몇 cm인지 알아보기

❷ 원이 지나가는 자리의 넓이는 몇 cm^2인지 구하기

답

적용하기

그림을 그려 해결하기

1 9명의 학생이 같은 간격을 두고 한 줄로 서 있습니다. 첫 번째 학생과 아홉 번째 학생 사이의 거리가 11 m일 때 첫 번째 학생과 다섯 번째 학생 사이의 거리는 몇 m인지 기약분수로 나타내시오. (단, 학생들의 몸 두께는 생각하지 않습니다.)

해결 전략 먼저 9명의 학생이 한 줄로 서 있는 그림을 그려 학생과 학생 사이의 간격 수를 세어 봅니다.

2 현우, 민아, 정은이가 감자를 캤습니다. 현우가 캔 감자 무게의 $\frac{1}{2}$, 민아가 캔 감자 무게의 $\frac{2}{3}$, 정은이가 캔 감자 무게의 $\frac{3}{4}$이 같습니다. 현우가 캔 감자가 3.6 kg일 때 민아와 정은이가 캔 감자는 각각 몇 kg입니까?

해결 전략 세 사람이 캔 감자의 무게를 띠 모양으로 나타내어 양을 비교해 봅니다.

3 밑면의 모양이 오른쪽과 같은 각기둥이 있습니다. 이 각기둥의 전개도에서 옆면의 넓이의 합이 420 cm^2일 때 각기둥의 높이는 몇 cm입니까?

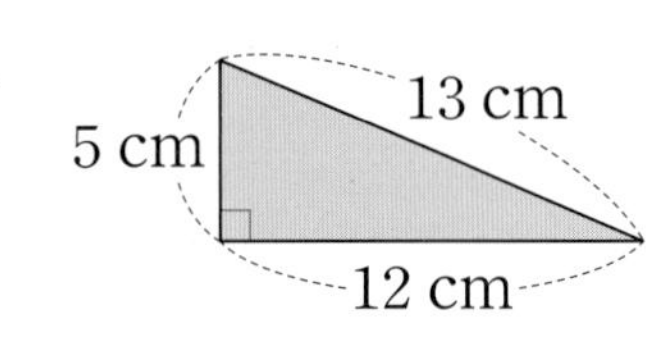

해결 전략 각기둥의 전개도에서 옆면의 가로는 한 밑면의 둘레와 같고, 옆면의 세로는 각기둥의 높이와 같습니다.

바른답 • 알찬풀이 05쪽

4 한 모서리의 길이가 1 cm인 정육면체 모양 치즈 8조각을 직육면체 모양으로 쌓아 포장하려고 합니다. 포장지를 가장 적게 사용하여 포장한다면 치즈 8조각으로 쌓은 직육면체 모양의 겉넓이는 몇 cm^2입니까? (단, 포장지의 겹치는 부분은 생각하지 않습니다.)

해결 전략 정육면체 8개를 쌓아 만들 수 있는 직육면체 모양을 모두 그림으로 나타내 봅니다.

5 지름이 7 cm인 원이 한 변의 길이가 20 cm인 정삼각형의 둘레를 따라 돌고 있습니다. 원이 지나가는 자리의 넓이는 몇 cm^2입니까? (원주율: 3)

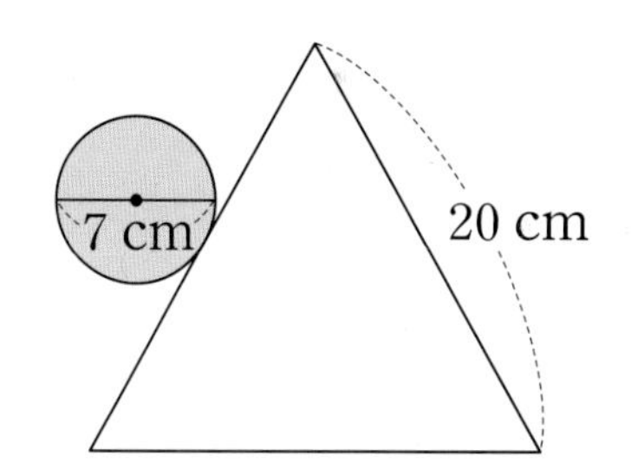

해결 전략 (원이 지나가는 자리의 넓이)=(원 부분 넓이의 합)+(직사각형 부분 넓이의 합)

6 오른쪽과 같이 겹쳐진 두 원 ㉮, ㉯에서 겹쳐진 부분의 넓이는 ㉮ 넓이의 0.5이고 ㉯ 넓이의 $\frac{3}{8}$입니다. ㉮와 ㉯의 넓이의 비를 간단한 자연수의 비로 나타내시오.

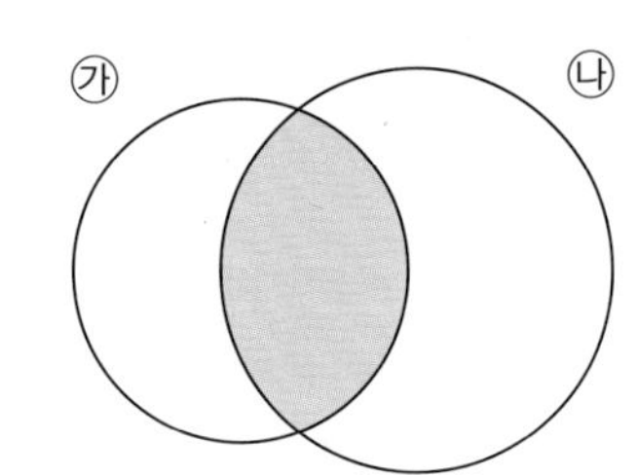

해결 전략 두 원의 넓이를 띠 모양으로 나타내어 비교해 봅니다.

7 오른쪽 직육면체를 한 번만 잘라 크기가 같은 직육면체 두 개로 나눈 다음 두 직육면체의 겉넓이의 합을 구하려고 합니다. ㉮, ㉯, ㉰ 중 어느 선을 따라 자를 때 두 직육면체의 겉넓이의 합이 가장 큽니까?

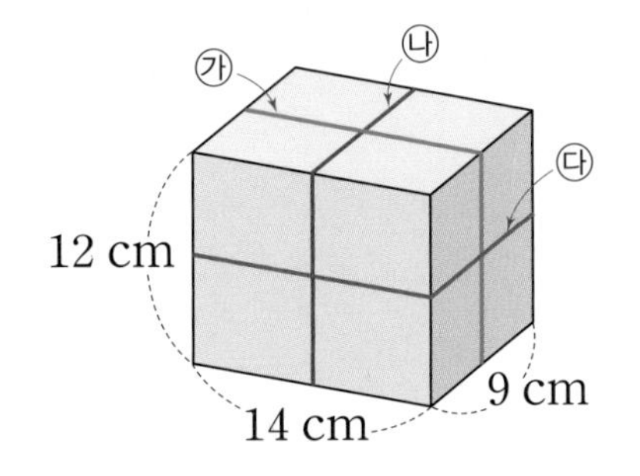

해결 전략 ㉮, ㉯, ㉰ 선을 따라 자를 때 생기는 단면을 각각 그려 봅니다.

8 원기둥 모양의 상자를 만들어 반지름이 9 cm인 핸드볼 공 한 개를 넣으려고 합니다. 핸드볼 공을 넣을 수 있는 가장 작은 상자의 전개도에서 모든 면의 넓이의 합은 몇 cm^2입니까? (단, 상자의 두께는 생각하지 않습니다. 원주율: 3.14)

해결 전략 핸드볼 공을 넣을 수 있는 가장 작은 원기둥 모양의 상자의 전개도를 그려 봅니다.

바른답 • 알찬풀이 06쪽

9 다음과 같은 직사각형을 한 바퀴 돌려서 입체도형을 만들었습니다. 이 입체도형을 앞에서 본 모양의 둘레가 60 cm일 때 입체도형의 한 밑면의 넓이는 몇 cm^2입니까?

(원주율: 3)

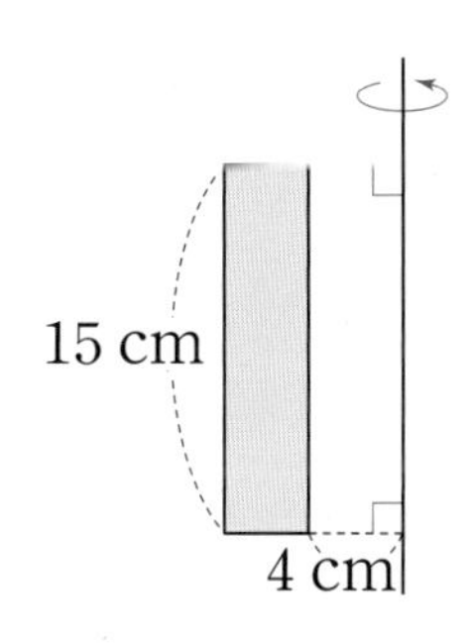

해결 전략 먼저 직사각형을 한 바퀴 돌렸을 때 만들어지는 입체도형의 겨냥도를 그려 봅니다.

10 쌓기나무를 쌓아 다음과 같은 직육면체를 만들고 바닥에 닿는 면을 제외한 모든 겉면에 색칠하였습니다. 두 면 이상 색칠된 쌓기나무를 모두 빼낸다면 남는 쌓기나무는 몇 개입니까?

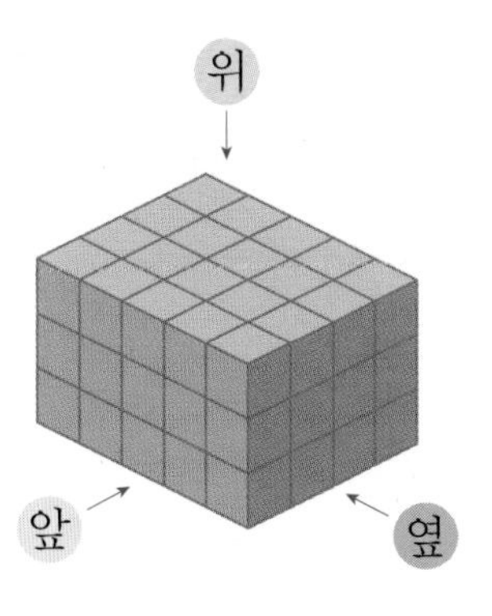

해결 전략 두 면 이상 색칠된 쌓기나무를 모두 찾아 표시해 봅니다.

도전, 창의사고력

바른답 • 알찬풀이 07쪽

목장에 한 변의 길이가 4 m인 정사각형 모양 울타리가 있습니다. 양치기가 양 한 마리를 울타리의 한 꼭짓점에 끈으로 묶어두었습니다. 양은 울타리 안으로 들어갈 수 없고 끈의 길이는 7 m일 때 양이 움직일 수 있는 범위의 넓이는 몇 m^2일까요?

(단, 끈의 매듭과 양의 몸 길이는 생각하지 않습니다. 원주율: 3.1)

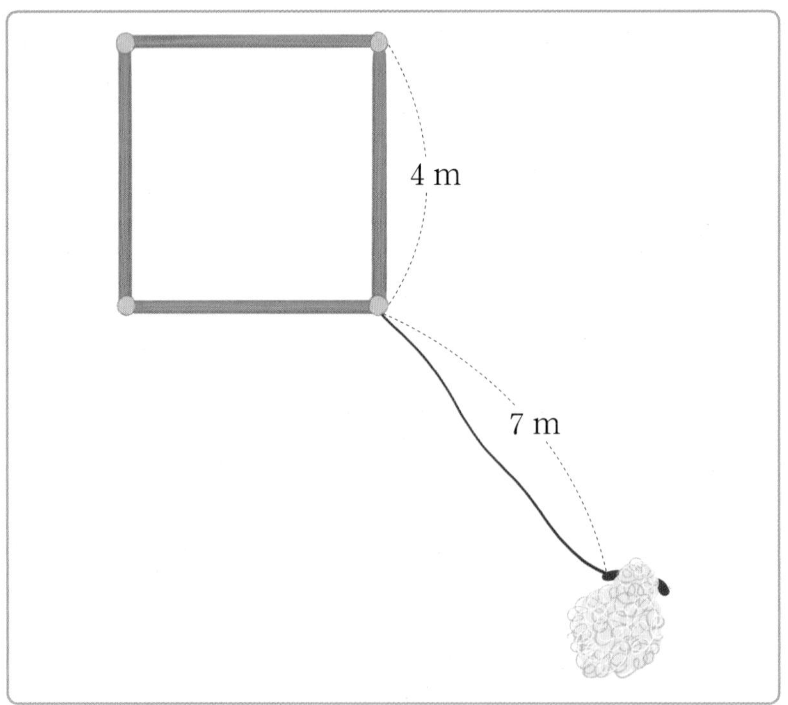

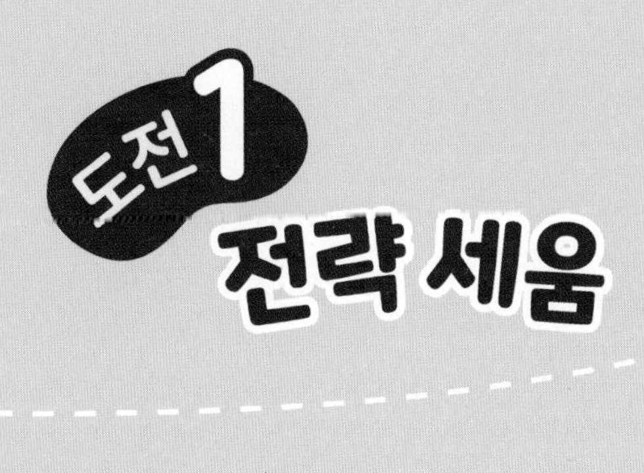

표를 만들어 해결하기

1

●와 ■의 차가 14이고, ●와 ■의 비를 간단한 자연수의 비로 나타내면 3 : 5입니다. ●와 ■의 합을 구하시오. (단, ●와 ■는 자연수입니다.)

문제 분석

구하려는 것에 밑줄을 긋고 주어진 조건을 정리해 보시오.

- ●와 ■의 차: ☐
- ●와 ■의 비를 간단한 자연수의 비로 나타내면 ☐입니다.

해결 전략

●와 ■의 비가 ☐가 되는 경우를 찾고 차를 구해 봅니다.

풀이

① 비가 3 : 5가 되는 경우를 찾고 차 구해 보기

●	3	6	9	12	15	18	21	24	……
■	5	10							……
차	2								……

② ●와 ■의 값 각각 구하기

표에서 ●와 ■의 차가 ☐인 경우를 찾습니다.

➡ ●=☐, ■=☐

③ ●와 ■의 합 구하기

●+■=☐+☐=☐

답 ☐

바른답 • 알찬풀이 08쪽

2 요리 체험 활동에 참여한 어른과 어린이 수의 비가 $7:4$입니다. 어른과 어린이 수의 차가 15명일 때 요리 체험 활동에 참여한 어른과 어린이는 모두 몇 명입니까?

구하려는 것에 밑줄을 긋고 주어진 조건을 정리해 보시오.

• (어른 수) : (어린이 수)= □

• 어른과 어린이의 수의 차: □명

어른과 어린이 수의 비가 □가 되는 경우를 찾고 차를 구해 봅니다.

풀이

① 비가 $7:4$가 되는 경우를 찾고 차 구해 보기

② 어른과 어린이 수는 각각 몇 명인지 구하기

③ 어른과 어린이 수는 모두 몇 명인지 구하기

답

익히기

표를 만들어 해결하기

3

진서가 50원짜리, 100원짜리, 500원짜리 동전을 한 개씩 가지고 있습니다. 3개의 동전을 동시에 던졌을 때 그림 면이 2개 이상 나오는 경우는 전체의 몇 %입니까?

문제 분석

구하려는 것에 밑줄을 긋고 주어진 조건을 정리해 보시오.

50원짜리, ☐원짜리, ☐원짜리 동전 한 개씩을 동시에 던졌습니다.

해결 전략

- 3개의 동전을 동시에 던졌을 때 나올 수 있는 경우를 모두 표로 나타내 봅니다.
- 그림 면이 ☐개 이상 나오는 경우를 세어 전체의 몇 %인지 구합니다.

풀이

① 3개의 동전을 던졌을 때 나올 수 있는 경우 모두 알아보기

50원짜리 동전의 면	숫자	숫자	숫자	숫자	그림	그림	그림	
100원짜리 동전의 면	숫자	숫자			숫자	숫자		
500원짜리 동전의 면	숫자	그림	숫자		숫자		숫자	

② 그림 면이 2개 이상 나오는 경우는 몇 가지인지 구하기

3개의 동전을 동시에 던졌을 때 나올 수 있는 경우는 모두 8가지입니다.

그중 그림 면이 2개 이상 나오는 경우는 모두 ☐가지입니다.

③ 그림 면이 2개 이상 나오는 경우는 전체의 몇 %인지 구하기

$$\frac{(\text{그림 면이 2개 이상 나오는 경우의 수})}{(\text{전체 경우의 수})} \times 100 = \frac{\square}{8} \times 100 = \square \ (\%)$$

답 ☐ %

미주, 세진, 혜지, 채민, 조윤이 중 매주 3명씩 담당자를 정해 화분에 물을 주려고 합니다. 이번 주에 채민이가 화분 담당자가 되는 경우는 전체의 몇 % 입니까?

구하려는 것에 밑줄을 긋고 주어진 조건을 정리해 보시오.

☐ 명 중 3명의 담당자를 정하려고 합니다.

- 담당자 3명을 정하는 경우를 모두 표로 나타내 봅니다.
- 채민이가 화분 담당자가 되는 경우를 세어 전체의 몇 %인지 구합니다.

풀이

❶ 담당자 3명을 정하는 방법 모두 알아보기

❷ 채민이가 담당자가 되는 경우는 몇 가지인지 구하기

❸ 채민이가 담당자가 되는 경우는 전체의 몇 %인지 구하기

답

표를 만들어 해결하기

5

마을별 쌀 수확량을 조사하여 나타낸 그림그래프입니다. 그림그래프를 보고 원그래프로 나타내시오.

마을별 쌀 수확량

가	나
다	라

1000 kg
100 kg

문제 분석 구하려는 것에 밑줄을 긋고 주어진 조건을 정리해 보시오.

는 [ ] kg을 나타내고, 는 [ ] kg을 나타냅니다.

전체 쌀 수확량에 대한 마을별 쌀 수확량의 백분율을 구합니다.

풀이

① 마을별 쌀 수확량 알아보기

마을	가	나	다	라	합계
수확량 (kg)	3900	4500			

② 백분율 구하여 원그래프로 나타내기

가: $\frac{3900}{\square}\times100=\square(\%)$ 나: $\frac{4500}{\square}\times100=\square(\%)$

다: $\frac{\square}{\square}\times100=\square(\%)$ 라: $\frac{\square}{\square}\times100=\square(\%)$

답

마을별 쌀 수확량

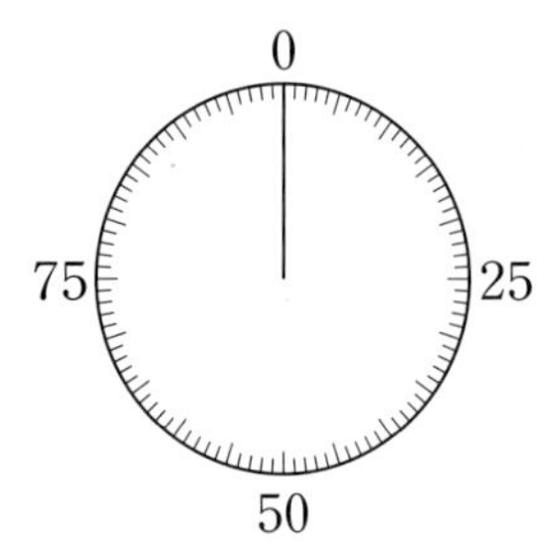

바른답・알찬풀이 09쪽

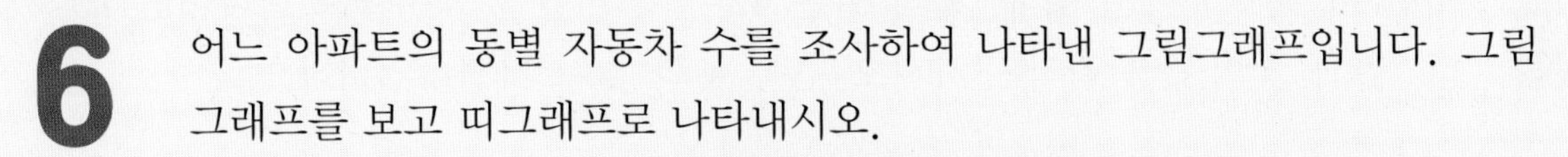

6

어느 아파트의 동별 자동차 수를 조사하여 나타낸 그림그래프입니다. 그림그래프를 보고 띠그래프로 나타내시오.

동별 자동차 수

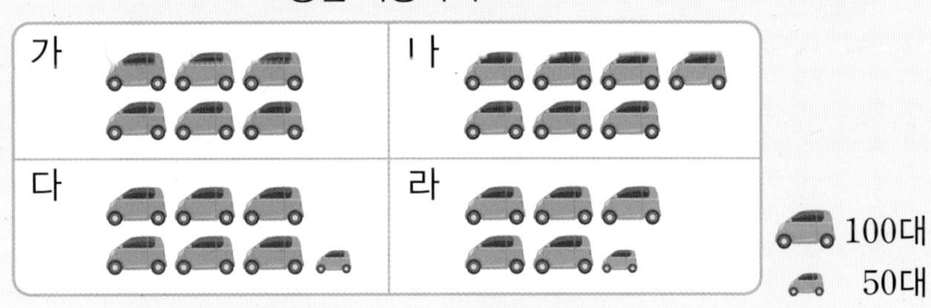

문제 분석

구하려는 것에 밑줄을 긋고 주어진 조건을 정리해 보시오.

(큰 자동차)는 ☐ 대를 나타내고, (작은 자동차)는 ☐ 대를 나타냅니다.

해결 전략

- 전체 자동차 수에 대한 동별 자동차 수의 백분율을 구합니다.
- $\frac{(\text{동별 자동차 수})}{(\text{전체 자동차 수의 합})} \times 100 = (\text{동별 자동차 수의 백분율})$

풀이

❶ 동별 자동차 수 알아보기

❷ 백분율 구하여 띠그래프로 나타내기

답

동별 자동차 수

0 10 20 30 40 50 60 70 80 90 100 (%)

적용하기

표를 만들어 해결하기

1

어떤 비 ★ : ▲에서 ★과 ▲의 합은 42이고, 비율을 백분율로 나타내면 75 %입니다. ★과 ▲의 값을 각각 구하시오. (단, ★과 ▲는 자연수입니다.)

- 먼저 백분율을 간단한 자연수의 비로 나타내 봅니다.
- ★과 ▲의 비가 주어진 비가 되는 경우를 찾고 합을 구해 봅니다.

2

어느 지역의 과수원별 사과 수확량을 조사하여 나타낸 그림그래프입니다. 네 과수원의 사과 수확량의 평균이 5.4 t일 때 라 과수원의 사과 수확량은 몇 kg입니까?

과수원별 사과 수확량

과수원	사과 수확량
가	●●●●● •••
나	●●●● ••••••
다	●●●●●●● ••
라	

● 1000 kg
• 100 kg

해결 전략 (네 과수원의 사과 수확량의 합)=(사과 수확량의 평균)×4

바른답 • 알찬풀이 09쪽

100원짜리 동전 한 개와 주사위 한 개를 동시에 던지려고 합니다. 나올 수 있는 전체 경우가 ◆가지이고, 나온 주사위 눈의 수가 6의 약수인 경우가 ▲가지일 때 ◆에 대한 ▲의 비율을 기약분수로 나타내시오.

100원짜리 동전 한 개와 주사위 한 개를 던져서 나올 수 있는 경우를 모두 생각해 봅니다.

4

오른쪽 도형은 정육면체 2개를 연결하여 만든 것입니다. ㉮에서 ㉯를 지나 ㉰까지 모서리를 따라 가장 짧은 선을 그으려고 합니다. 가장 짧은 선을 긋는 방법 중 파란색 점을 지나는 선을 긋는 방법의 비율을 기약분수로 나타내시오.

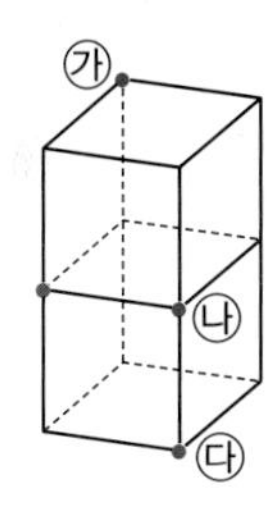

㉮에서 ㉯를 지나 ㉰까지 모서리를 따라 가장 짧은 선을 긋는 방법을 모두 찾아봅니다.

표를 만들어 해결하기

5 오른쪽은 민서네 집 책장에 있는 책 50권을 종류별로 분류하여 나타낸 원그래프입니다. 시집이 10권일 때 이 원그래프를 띠그래프로 나타내시오.

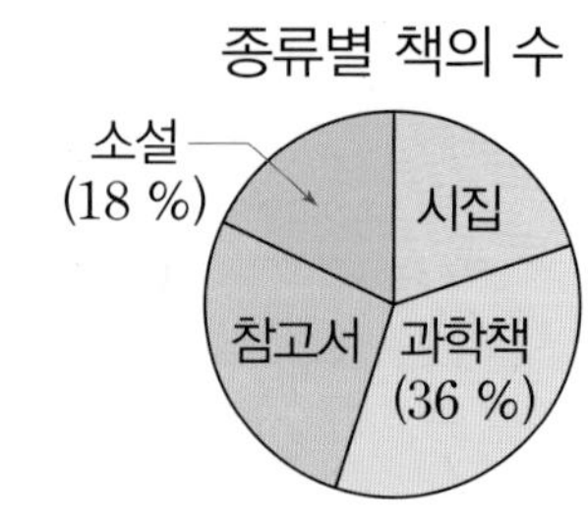

종류별 책의 수

0 10 20 30 40 50 60 70 80 90 100 (%)

해결 전략 시집과 참고서 수의 백분율을 각각 구한 후 띠그래프로 나타냅니다.

6 가로에 대한 세로의 비율이 $\frac{8}{5}$인 직사각형이 있습니다. 직사각형의 넓이가 360 cm^2일 때 둘레는 몇 cm입니까? (단, 직사각형의 가로와 세로는 자연수입니다.)

해결 전략 비율을 비로 나타내어 세로와 가로가 주어진 비가 되는 경우를 찾고 곱을 구해 봅니다.

7 어느 가게에서 설탕을 2 kg, 5 kg, 7 kg의 포장 단위로 판매합니다. 이 가게에서 설탕을 32 kg 살 수 있는 방법은 모두 몇 가지입니까?

해결 전략 세 수 2, 5, 7을 각각 몇 번씩 더하여 32를 만들 수 있는지 표로 나타내 알아봅니다.

8 윷가락 4개를 던졌을 때 나올 수 있는 전체 경우의 수와 걸이 나오는 경우의 수의 비를 간단한 자연수의 비로 나타내시오. (단, 윷가락 4개를 던졌을 때 나올 수 있는 경우는 도, 개, 걸, 윷, 모만 생각합니다.)

해결 전략 윷가락 4개를 던졌을 때 나올 수 있는 모든 경우를 알아보고 걸이 나오는 경우를 찾아봅니다.

도전, 창의사고력

바른답 • 알찬풀이 11쪽

야구 선수가 안타를 치고 1루까지 갈 때 1루타, 2루까지 갈 때 2루타, 3루까지 갈 때 3루타라고 합니다. 세 야구 선수가 각각 5회 출전하여 다음과 같은 결과를 얻었을 때 세 선수가 1루타를 친 횟수의 합은 모두 몇 번입니까?

- $(\text{타율})=\dfrac{(\text{안타 수})}{(\text{전체 타수})}$
- $(\text{장타율})=\dfrac{(\text{1루타 수})\times 1+(\text{2루타 수})\times 2+(\text{3루타 수})\times 3+(\text{홈런 수})\times 4}{(\text{전체 타수})}$

나는 1회에 1루타,
4회에 3루타였고,
나머지는 모두 아웃이었어.
최민서

나는 최민서 선수와
장타율이 같아.
1회에만 아웃이었지.
박주호

나는 박주호 선수와
타율이 같고, 장타율이 2야.
3루타는 한 번만 쳤어.
장현수

	1회	2회	3회	4회	5회	타율	장타율
최민서	1루타	아웃					
박주호							

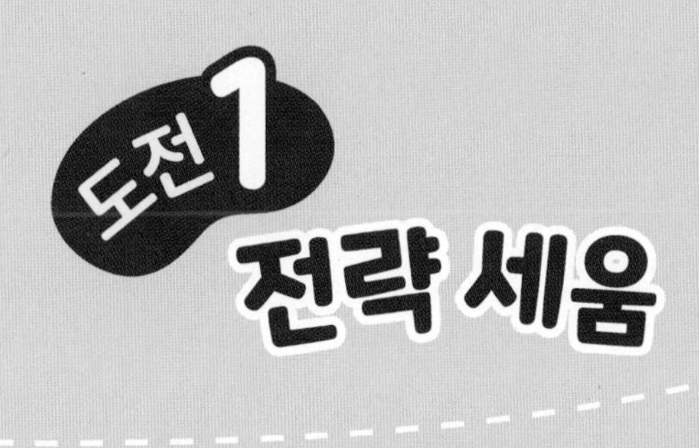

거꾸로 풀어 해결하기

익히기

거꾸로 풀어 해결하기

1 준성이는 가지고 있던 밀가루 중 0.4 kg을 연수에게 주고 남은 밀가루의 $\frac{4}{9}$를 사용하여 식빵을 만들었습니다. 식빵을 만들고 남은 밀가루가 $2\frac{1}{2}$ kg이라면 준성이가 처음에 가지고 있던 밀가루는 몇 kg인지 소수로 나타내시오.

문제 분석

구하려는 것에 밑줄을 긋고 주어진 조건을 정리해 보시오.

- 연수에게 준 밀가루 무게: $\square$ kg
- 식빵을 만드는 데 사용한 밀가루 : 연수에게 주고 남은 밀가루의 $\frac{4}{9}$
- 남은 밀가루 무게: $\square$ kg

남은 밀가루 $2\frac{1}{2}$ kg은 연수에게 주고 남은 밀가루의 $1-\frac{4}{9}=\square$와 같습니다.

풀이

❶ 연수에게 주고 남은 밀가루는 몇 kg인지 구하기

(연수에게 주고 남은 밀가루 무게)$\times\square=2\frac{1}{2}$ (kg)이므로

(연수에게 주고 남은 밀가루 무게)$=2\frac{1}{2}\div\square=\square$(kg)입니다.

❷ 준성이가 처음에 가지고 있던 밀가루는 몇 kg인지 구하기

(연수에게 준 밀가루 무게)+(연수에게 주고 남은 밀가루 무게)

$=0.4+\square=\square$ (kg)

답 $\square$ kg

바른답 • 알찬풀이 11쪽

2

현수는 가지고 있던 사탕의 $\frac{3}{7}$을 주연이에게 주고, 나머지의 $\frac{3}{10}$을 승희에게 주었더니 사탕이 28개 남았습니다. 현수가 처음에 가지고 있던 사탕은 몇 개입니까?

문제 분석

구하려는 것에 밑줄을 긋고 주어진 조건을 정리해 보시오.

- 주연이에게 준 사탕: 처음에 가지고 있던 사탕의 $\square$
- 승희에게 준 사탕: 주연이에게 주고 남은 사탕의 $\frac{3}{10}$
- 남은 사탕 수: $\square$개

- 남은 사탕 28개는 주연이에게 주고 남은 사탕의 $1-\frac{3}{10}=\square$과 같습니다.
- 주연이에게 주고 남은 사탕은 처음에 가지고 있던 사탕의 $1-\frac{3}{7}=\square$와 같습니다.

풀이

1 주연이에게 주고 남은 사탕은 몇 개인지 구하기

2 현수가 처음에 가지고 있던 사탕은 몇 개인지 구하기

답

거꾸로 풀어 해결하기

3

어느 자동차 공장의 4월 생산량은 3월 생산량보다 10 %만큼 줄었고, 5월 생산량은 4월 생산량보다 0.25만큼 늘었습니다. 이 공장에서 5월에 생산한 자동차가 2250대라면 3월에 생산한 자동차는 몇 대입니까?

문제 분석 구하려는 것에 밑줄을 긋고 주어진 조건을 정리해 보시오.

- 4월 생산량은 3월 생산량보다 ☐ %만큼 줄었습니다.
- 5월 생산량은 4월 생산량보다 ☐만큼 늘었습니다.
- 5월 생산량: ☐대

해결 전략

- 5월 생산량은 4월 생산량의 1+☐=☐(배)입니다.
- 4월 생산량은 3월 생산량의 100−☐=☐(%)입니다.

풀이

❶ 4월에 생산한 자동차는 몇 대인지 구하기

(5월 생산량)=(4월 생산량)×☐

➡ (4월 생산량)=(5월 생산량)÷☐

=☐÷☐=☐(대)

❷ 3월에 생산한 자동차는 몇 대인지 구하기

(4월 생산량)=(3월 생산량)×☐

➡ (3월 생산량)=(4월 생산량)÷☐

=☐÷☐=☐(대)

답 ☐대

바른답 • 알찬풀이 12쪽

4

어느 가게의 이어폰 판매량이 9월은 8월보다 15 %만큼 줄었고, 10월은 9월보다 20 %만큼 늘었습니다. 11월에는 판매량이 10월보다 0.1만큼 줄어서 459개를 팔았습니다. 8월에 판 이어폰은 몇 개입니까?

문제 분석

구하려는 것에 밑줄을 긋고 주어진 조건을 정리해 보시오.

- 9월 판매량은 8월 판매량보다 ☐ %만큼 줄었습니다.
- 10월 판매량은 9월 판매량보다 ☐ %만큼 늘었습니다.
- 11월 판매량은 10월 판매량보다 ☐만큼 줄었습니다.
- 11월 판매량: ☐개

해결 전략

- 11월 판매량은 10월 판매량의 1−☐=☐(배)입니다.
- 10월 판매량은 9월 판매량의 100+☐=☐(%)입니다.
- 9월 판매량은 8월 판매량의 100−☐=☐(%)입니다.

풀이

① 10월에 판매한 이어폰은 몇 개인지 구하기

② 9월에 판매한 이어폰은 몇 개인지 구하기

③ 8월에 판매한 이어폰은 몇 개인지 구하기

답

5

희나네 학교 학생들이 여름 방학에 가고 싶은 장소를 조사하여 나타낸 띠그래프입니다. 휴양림에 가고 싶은 학생이 70명일 때 조사한 전체 학생은 몇 명입니까?

장소별 학생 수

바다 (35 %)	워터파크 (26 %)	계곡 (25 %)	휴양림

문제 분석

구하려는 것에 밑줄을 긋고 주어진 조건을 정리해 보시오.

- 여름방학에 가고 싶은 장소별 학생 수를 나타낸 띠그래프
- 휴양림에 가고 싶은 학생 수: □명

해결 전략

휴양림에 가고 싶은 학생 수의 백분율을 이용하여 전체 학생 수를 구합니다.

풀이

① 휴양림에 가고 싶은 학생 수의 백분율은 몇 %인지 구하기

(휴양림에 가고 싶은 학생 수의 백분율)

$=100-(\square+\square+\square)=\square$ (%)

② 전체 학생은 몇 명인지 구하기

휴양림에 가고 싶은 학생은 □명이고 전체 학생의 □%입니다.

(휴양림에 가고 싶은 학생 수)=(전체 학생 수)× □

➡ (전체 학생 수)=(휴양림에 가고 싶은 학생 수)÷ □

$=\square\div\square=\square$(명)

답 □명

바른답 • 알찬풀이 12쪽

6

태헌이네 학교 학생들이 겨울 방학에 가고 싶은 장소를 조사하여 나타낸 원그래프입니다. 온천에 가고 싶은 학생이 144명일 때 조사한 전체 학생은 몇 명입니까?

장소별 학생 수

문제 분석 구하려는 것에 밑줄을 긋고 주어진 조건을 정리해 보시오.

- 겨울 방학에 가고 싶은 장소별 학생 수를 나타낸 원그래프
- 온천에 가고 싶은 학생 수: ☐명

해결 전략 온천에 가고 싶은 학생 수의 백분율을 이용하여 전체 학생 수를 구합니다.

풀이

① 온천에 가고 싶은 학생 수의 백분율은 몇 %인지 구하기

② 전체 학생은 몇 명인지 구하기

답

적용하기

거꾸로 풀어 해결하기

1 호진이네 학교 6학년 학생 중 70 %가 학원을 다니고, 학원을 다니는 학생 중 60 %가 영어 학원을 다닙니다. 영어 학원을 다니는 학생이 84명이라면 호진이네 학교 6학년 학생은 모두 몇 명입니까?

- (학원을 다니는 학생 수)=(6학년 학생 수의 70 %)
- (영어 학원을 다니는 학생 수)=(학원을 다니는 학생 수의 60 %)

2 오른쪽은 민희네 학교 학생들이 태어난 계절을 조사하여 나타낸 원그래프입니다. 여름과 겨울에 태어난 학생 수의 합이 156명일 때 봄에 태어난 학생은 몇 명입니까?

태어난 계절별 학생 수

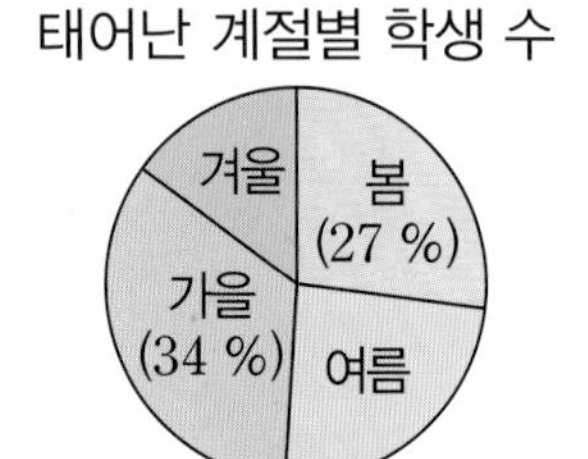

먼저 여름과 겨울에 태어난 학생 수의 백분율을 구합니다.

3 가방의 원가에 원가의 0.2만큼 이익을 붙여 정가를 정했습니다. 이 가방을 정가에서 10 % 할인하여 13500원에 팔았다면 가방의 원가는 얼마입니까?

- (가방의 정가)=(가방 원가의 1.2배)
- (가방의 판매 가격)=(가방 정가의 90 %)

4

태훈이는 가지고 있던 고무찰흙의 $\frac{1}{6}$을 동생에게 주었습니다. 남은 고무찰흙의 $\frac{3}{5}$으로 공룡을 만들었더니 태훈이에게 남은 고무찰흙이 140 g이었습니다. 태훈이가 처음에 가지고 있던 고무찰흙은 몇 g입니까?

- (동생에게 주고 남은 고무찰흙)=(태훈이가 처음에 가지고 있던 고무찰흙의 $\frac{5}{6}$)
- (공룡을 만들고 남은 고무찰흙)=(동생에게 주고 남은 고무찰흙의 $\frac{2}{5}$)

5

태풍을 매일 같은 시각에 관측했더니 태풍의 빠르기가 전날의 0.8배가 되는 것을 알 수 있었습니다. 이번 주 목요일에 태풍이 시간당 3.712 km의 빠르기로 이동하였다면 이번 주 화요일에 관측한 태풍의 빠르기는 시간당 몇 km입니까?

- (목요일 태풍의 빠르기)=(수요일 태풍의 빠르기)$\times 0.8$
- (수요일 태풍의 빠르기)=(화요일 태풍의 빠르기)$\times 0.8$

6 오늘 오후 1시에 죽순의 길이를 재어 보니 120.4 cm였고, 오후 6시에 133.2 cm였습니다. 죽순이 한 시간 동안 자라는 길이가 일정하다면 어제 오후 1시에 잰 죽순의 길이는 몇 cm입니까?

해결 전략 오후 1시부터 오후 6시까지 자란 길이를 이용하여 한 시간 동안 자라는 길이를 구합니다.

7 똑같은 인형 15개를 정가의 80 % 가격으로 샀습니다. 인형을 사고 40000원을 냈더니 거스름돈으로 1600원을 받았다면 인형 한 개의 정가는 얼마입니까?

해결 전략 먼저 인형 한 개의 할인된 판매 가격을 구합니다.

8 어떤 직사각형의 가로를 1.8배, 세로를 1.5배 하여 새로운 직사각형을 그렸습니다. 새로 그린 직사각형의 넓이가 357.75 cm^2이고, 처음 직사각형의 가로가 12.5 cm일 때 처음 직사각형의 세로는 몇 cm입니까?

해결 전략
- (새로 그린 직사각형의 가로)$=$(처음 직사각형의 가로)$\times 1.8$
- (새로 그린 직사각형의 세로)$=$(처음 직사각형의 세로)$\times 1.5$

9

다음은 어느 나라의 수출 항목별 금액을 나타낸 원그래프와 수출 항목 중 농산물의 종류별 수출 금액을 나타낸 띠그래프입니다. 농산물 중 채소의 수출 금액이 20억 원이라면 자동차의 수출 금액은 얼마입니까?

수출 항목별 금액

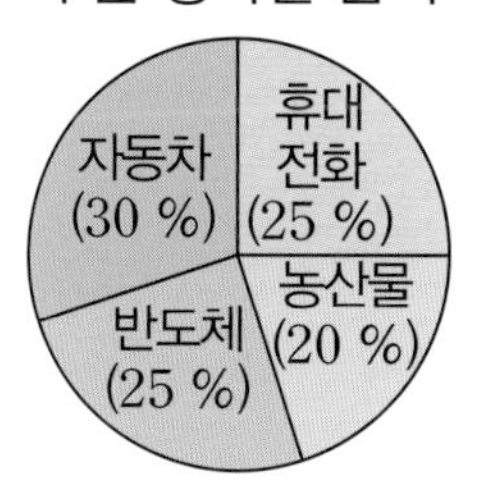

농산물 종류별 수출 금액

과일 (35 %)	곡식 (25 %)	채소 (40 %)

• (농산물 수출 금액)=(총 수출 금액의 20 %)
• (채소 수출 금액)=(농산물 수출 금액의 40 %)

10

상자에 들어 있는 빨간색 구슬과 보라색 구슬의 비가 11 : 16입니다. 그중 보라색 구슬 몇 개를 꺼내서 동생에게 주었더니 상자에 남은 빨간색 구슬과 보라색 구슬의 비가 6 : 7이 되었습니다. 상자에 남은 구슬이 모두 286개일 때 동생에게 준 보라색 구슬은 몇 개입니까?

처음에 있던 보라색 구슬 수를 □라 하여 (빨간색 구슬 수) : (보라색 구슬 수)의 비로 비례식을 세웁니다.

도전, 창의사고력

바른답 • 알찬풀이 14쪽

어느 해 세 도시의 독감 백신 접종자 수를 나타낸 그림그래프입니다. 뉴스를 보고 그림그래프를 완성해 보시오.

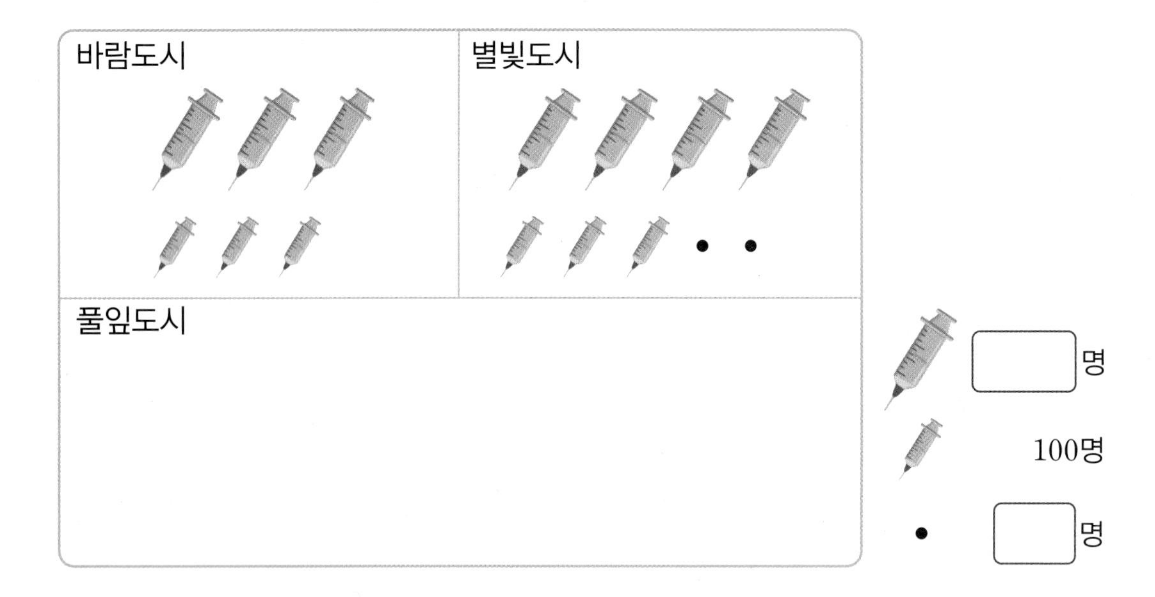

올해 독감 백신 접종자는 바람도시 1800명, 별빛도시 2320명, 풀잎도시 1640명입니다.

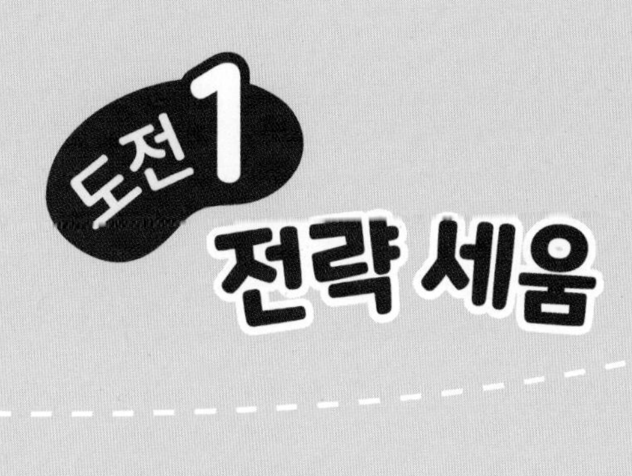

규칙을 찾아 해결하기

1

다음 나눗셈의 몫을 구할 때 몫의 소수 20째 자리 숫자를 구하시오.

$9.7 \div 6$

문제 분석

구하려는 것에 밑줄을 긋고 주어진 조건을 정리해 보시오.

주어진 나눗셈식: [ ] ÷ [ ]

해결 전략

- 몫이 간단한 소수로 구해지지 않을 경우 몫을 반올림하여 나타낼 수 있습니다.
- 몫의 소수점 아래 숫자가 반복되는 규칙을 찾습니다.

풀이

❶ $9.7 \div 6$의 몫을 구하기

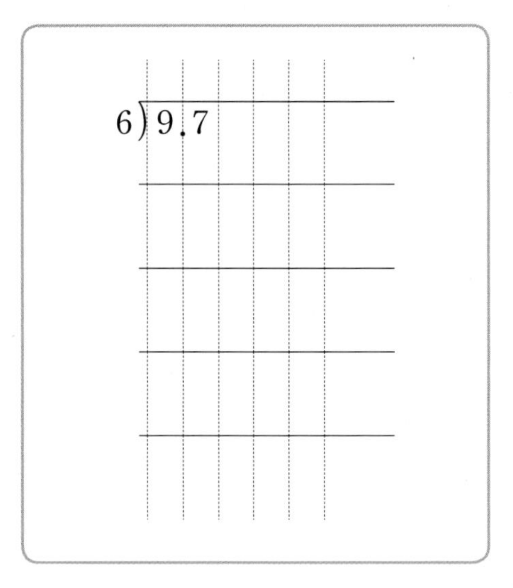

❷ 몫의 소수 20째 자리 숫자 구하기

몫의 소수 (첫째 , 둘째 , 셋째) 자리부터 숫자 [ ]이 반복되므로

소수 20째 자리 숫자는 소수 (첫째 , 둘째 , 셋째) 자리 숫자와 같은

[ ]입니다.

답 [ ]

바른답 • 알찬풀이 15쪽

2

다음 나눗셈의 몫을 반올림하여 소수 45째 자리까지 나타냈을 때 소수 45째 자리 숫자는 얼마입니까?

$$35.9 \div 2.7$$

문제 분석

구하려는 것에 밑줄을 긋고 주어진 조건을 정리해 보시오.

주어진 나눗셈식: ☐ ÷ ☐

해결 전략

- 몫의 소수점 아래 숫자가 반복되는 규칙을 찾습니다.
- 몫을 반올림하여 소수 45째 자리까지 나타내려면 소수 ☐째 자리에서 반올림해야 합니다.

풀이

❶ $35.9 \div 2.7$의 몫의 소수점 아래 숫자에서 반복되는 규칙 찾기

❷ 몫의 소수점 아래 45째 자리 숫자와 46째 자리 숫자 구하기

❸ 몫을 반올림하여 소수 45째 자리까지 나타냈을 때 소수 45째 자리 숫자 구하기

답

3

다음은 지아가 과학실 벽에 핀 원 모양 곰팡이의 크기를 조사하여 나타낸 것입니다. 원 모양 곰팡이의 지름이 다음과 같은 규칙으로 커진다면 7일째에 곰팡이의 넓이는 몇 cm^2가 되겠습니까? (원주율: 3)

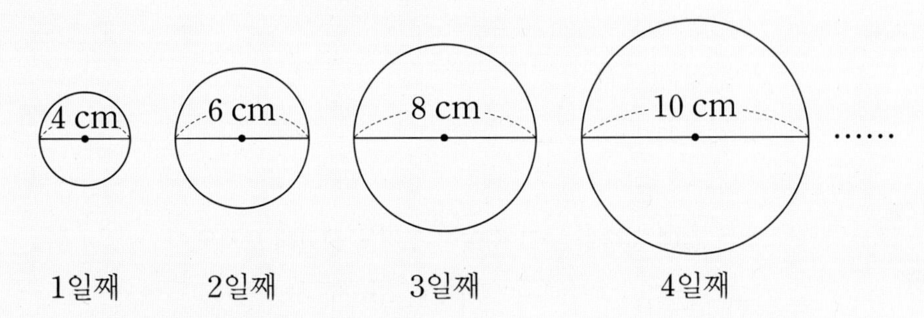

문제 분석 구하려는 것에 밑줄을 긋고 주어진 조건을 정리해 보시오.

원 모양 곰팡이의 지름: 1일째 ☐ cm, 2일째 ☐ cm, 3일째 ☐ cm, 4일째 ☐ cm, ……

해결 전략 원의 지름이 커지는 규칙을 찾아 7일째 원의 지름을 알아봅니다.

풀이

① **7일째 원의 지름이 몇 cm인지 알아보기**

날짜 (일째)	1	2	3	4	5	6	7
원의 지름 (cm)	4	6					

(+2) (+2) ◯ ◯ ◯ ◯

➡ 원의 지름은 하루에 ☐ cm씩 커지므로 7일째에 ☐ cm가 됩니다.

② **7일째 원의 넓이는 몇 cm^2인지 구하기**

(반지름)=(지름)÷2=☐÷2=☐ (cm)

(원의 넓이)=(반지름)×(반지름)×(원주율)

=☐×☐×☐=☐ (cm^2)

답 ☐ cm^2

바른답 • 알찬풀이 15쪽

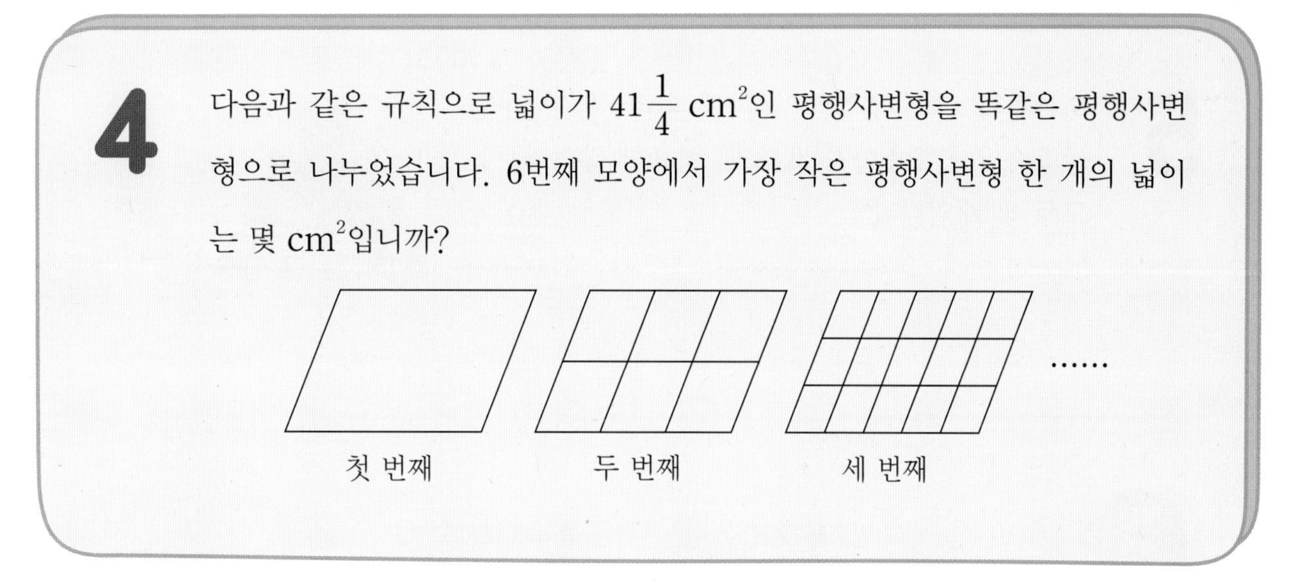

4

다음과 같은 규칙으로 넓이가 $41\frac{1}{4}$ cm^{2}인 평행사변형을 똑같은 평행사변형으로 나누었습니다. 6번째 모양에서 가장 작은 평행사변형 한 개의 넓이는 몇 cm^{2}입니까?

문제 분석

구하려는 것**에 밑줄을 긋고** 주어진 조건**을 정리해 보시오.**

- 가장 큰 평행사변형의 넓이: ☐ cm^2
- 가장 작은 평행사변형의 개수: 첫 번째 모양 ☐개, 두 번째 모양 ☐개, 세 번째 모양 ☐개, ……

가장 작은 평행사변형 개수가 늘어나는 규칙을 찾아 6번째 모양을 몇 개의 평행사변형으로 나누었는지 알아봅니다.

풀이

❶ 6번째 모양에서 가장 작은 평행사변형이 몇 개인지 알아보기

❷ 6번째 모양에서 가장 작은 평행사변형 한 개의 넓이는 몇 cm^{2}인지 구하기

답

5 오른쪽과 같이 일정한 규칙에 따라 쌓기나무를 쌓았습니다. 7층까지 쌓는 데 필요한 쌓기나무는 모두 몇 개입니까?

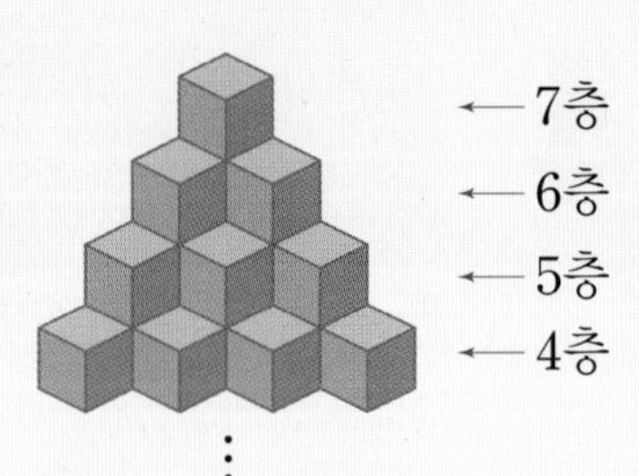

문제 분석 구하려는 것에 밑줄을 긋고 주어진 조건을 정리해 보시오.

쌓기나무를 일정한 규칙에 따라 쌓은 모양

해결 전략 쌓기나무의 수를 층별로 세어 쌓기나무 수가 늘어나는 규칙을 찾아봅니다.

풀이

❶ 층별로 쌓기나무 수가 늘어나는 규칙 알아보기

7층: 1개　　　　6층: 1+2=3(개)

5층: 1+2+3=□(개)　　　　4층: 1+2+3+□=□(개)

➡ 아래로 한 층 내려갈 때마다 쌓기나무의 수가 2개, 3개, □개, …… 늘어납니다.

❷ 7층까지 쌓는 데 필요한 쌓기나무는 모두 몇 개인지 구하기

3층: 1+2+□+□+□=□(개)

2층: 1+2+□+□+□+□=□(개)

1층: 1+2+□+□+□+□+□=□(개)

따라서 7층까지 쌓는 데 필요한 쌓기나무는 모두

1+3+□+□+□+□+□=□(개)입니다.

답 □개

바른답 • 알찬풀이 16쪽

6

오른쪽과 같이 일정한 규칙에 따라 쌓기나무를 쌓았습니다. 1층에 놓인 쌓기나무가 110개라면 몇 층까지 쌓은 것입니까?

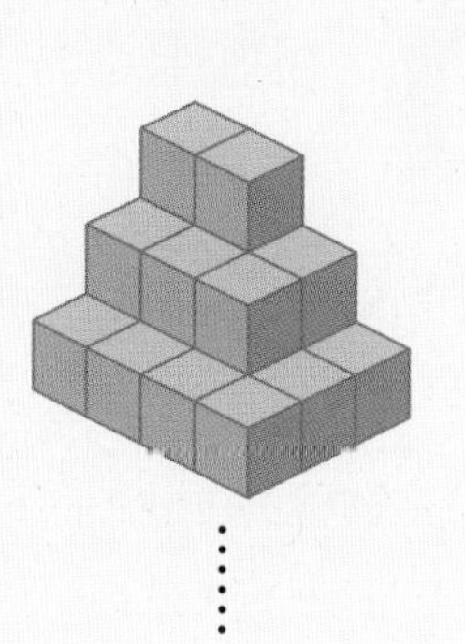

문제 분석

구하려는 것에 밑줄을 긋고 주어진 조건을 정리해 보시오.

• 쌓기나무를 일정한 규칙에 따라 쌓은 모양

• 1층에 놓인 쌓기나무 수: ☐개

해결 전략

쌓기나무의 수를 층별로 세어 쌓기나무 수가 늘어나는 규칙을 찾아봅니다.

풀이

❶ 층별로 쌓기나무 수가 늘어나는 규칙 알아보기

❷ 몇 층까지 쌓은 것인지 알아보기

답

적용하기

규칙을 찾아 해결하기

1 어떤 분수의 분모를 분자인 17로 나누었더니 몫은 2이고, 나머지는 3이었습니다. 이 분수를 소수로 나타낼 때 소수 100째 자리 숫자를 구하시오.

- ■ ÷ ▲ = ● ··· ★ ➡ ▲ × ● + ★ = ■
- 나눗셈을 계산하여 몫의 소수점 아래 숫자가 반복되는 규칙을 찾습니다.

2 다음과 같이 세로에 대한 가로의 비가 같도록 직사각형을 그렸습니다. 7번째 직사각형의 둘레는 몇 cm입니까?

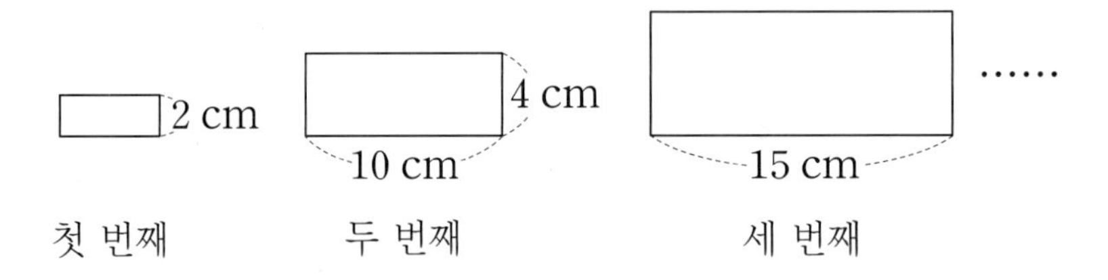

해결 전략 주어진 비를 이용하여 7번째 직사각형의 가로와 세로를 각각 구한 후 둘레를 구합니다.

바른답 • 알찬풀이 16쪽

3 한 변의 길이가 72 cm인 정사각형 안에 다음과 같은 규칙으로 원을 그렸습니다. 9번째 정사각형 안에 그린 원들의 원주의 합은 몇 cm입니까? (원주율: 3.1)

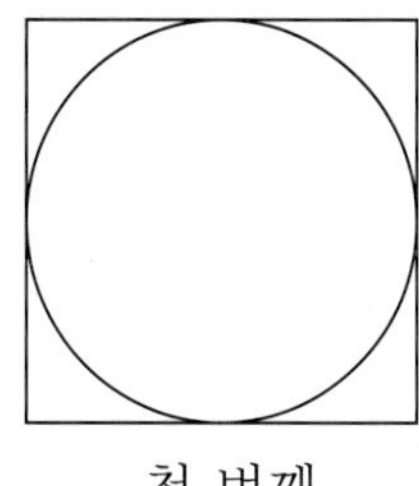
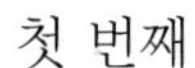
첫 번째

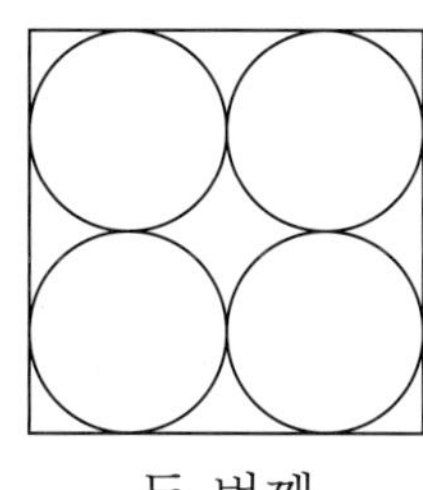
두 번째

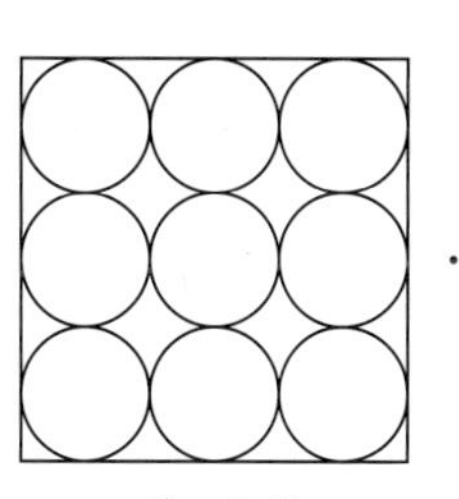
세 번째

......

해결 전략 정사각형 안에 그린 원의 수가 늘어나는 규칙을 찾아봅니다.

4 한 모서리의 길이가 2 cm인 쌓기나무를 다음과 같은 규칙으로 놓아 직육면체를 만들었습니다. 10번째 직육면체의 겉넓이는 몇 cm^2입니까?

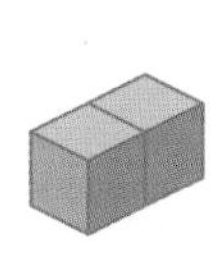
첫 번째

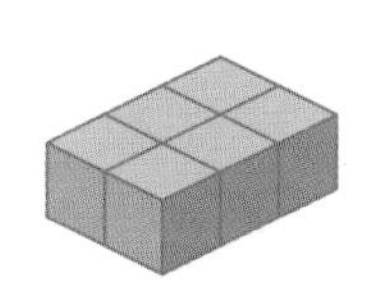
두 번째

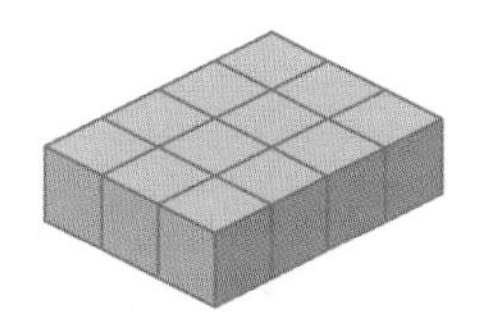
세 번째

......

해결 전략 직육면체의 가로, 세로, 높이에 놓이는 쌓기나무 수가 늘어나는 규칙을 찾습니다.

5 다음과 같은 규칙으로 식을 나열하였습니다. 7번째 식을 계산한 값을 기약분수로 나타내시오.

$\frac{1}{2} \div \frac{1}{2}$ $\frac{2}{3} \div \frac{1}{4}$ $\frac{3}{4} \div \frac{1}{6}$ $\frac{4}{5} \div \frac{1}{8}$ ……

해결 전략 나누어지는 수와 나누는 수의 규칙을 각각 찾습니다.

6 다음과 같은 규칙에 따라 큰 정사각형을 작은 정사각형으로 나누고 색칠하였습니다. 10번째 정사각형의 색칠한 부분의 넓이가 5.47 cm^2일 때 첫 번째 정사각형의 넓이는 몇 cm^2입니까?

첫 번째

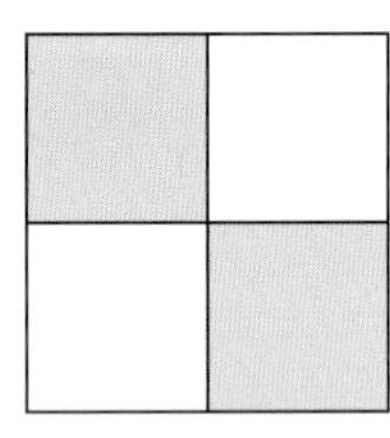
두 번째

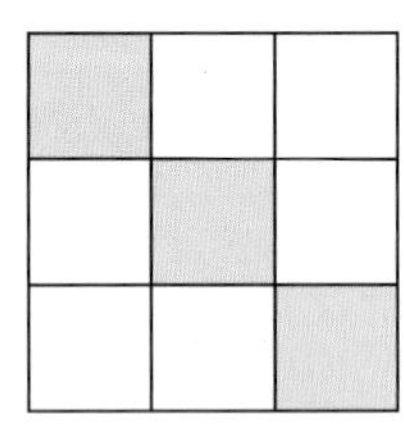
세 번째

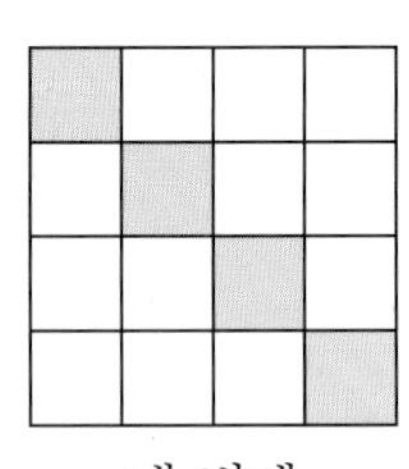
네 번째

……

해결 전략 큰 정사각형을 나눈 개수와 색칠한 작은 정사각형의 개수를 알아봅니다.

바른답 • 알찬풀이 17쪽

7 다음과 같이 정사각형 7개를 겹치지 않게 붙여 만든 도형 안에 원의 일부를 그렸습니다. 도형에서 색칠한 부분의 넓이의 합은 몇 cm^2인지 기약분수로 나타내시오. (원주율: 3)

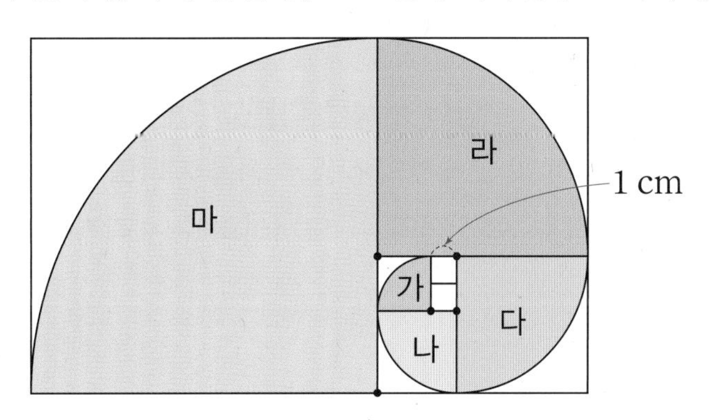

해결 전략 먼저 정사각형 안에 그린 원의 일부의 반지름을 각각 구해 봅니다.

8 정육면체의 겉면을 모두 색칠한 후 다음과 같은 규칙으로 크기가 같은 작은 정육면체로 나누어 잘랐습니다. 9번째 모양에서 작은 정육면체 중 한 면도 색칠되지 않은 것은 몇 개입니까?

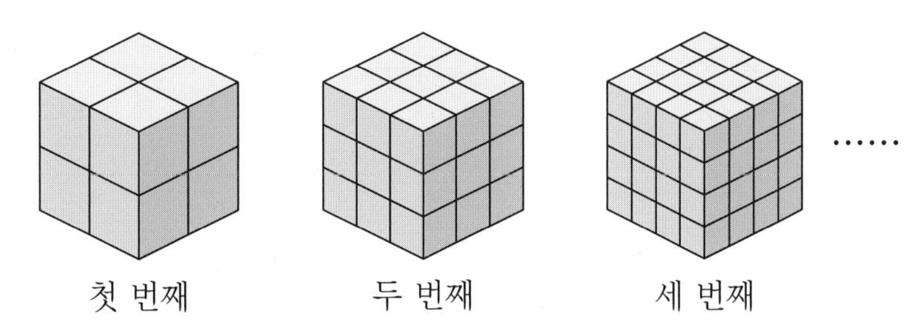

해결 전략 순서에 따라 나눈 정육면체의 수와 한 면도 색칠되지 않은 정육면체의 수의 규칙을 각각 찾습니다.

도전, 창의사고력

바른답 • 알찬풀이 18쪽

보석세공사가 오각기둥 모양의 보석을 다듬고 있습니다. 보석세공사는 보석의 모든 꼭짓점을 그림과 같이 각 모서리의 삼등분 점을 지나도록 잘라내려고 합니다. 잘라내고 남은 보석의 면의 수, 꼭짓점의 수, 모서리의 수는 각각 몇 개입니까?

면의 수: ☐개

꼭짓점의 수: ☐개

모서리의 수: ☐개

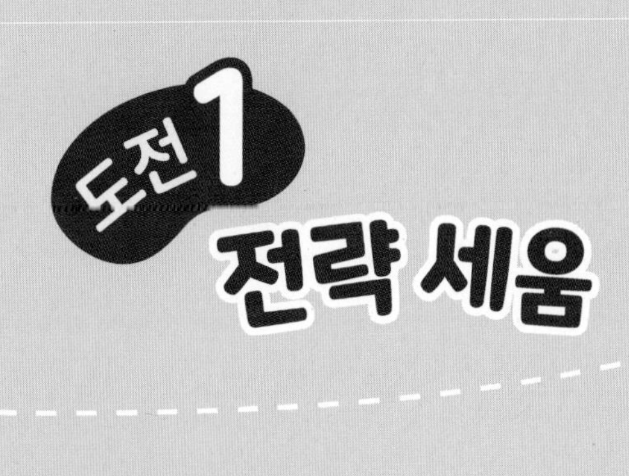

예상과 확인으로 해결하기

익히기

예상과 확인으로 해결하기

1

■와 ▲는 서로 다른 숫자입니다. 오른쪽 나눗셈의 몫을 자연수까지 구했을 때 나머지 ▲.■를 구하시오. (단, 같은 모양끼리는 같은 숫자입니다.)

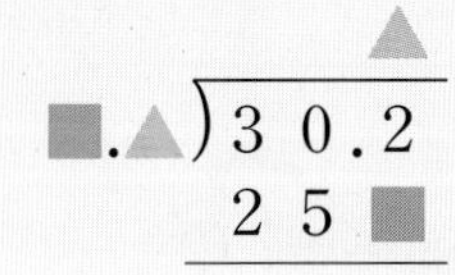

문제 분석 구하려는 것에 밑줄을 긋고 주어진 조건을 정리해 보시오.

- ■와 ▲는 서로 다른 숫자입니다.
- ☐ ÷■.▲의 몫을 자연수까지 구했습니다.

해결 전략 ■+■의 일의 자리 숫자가 2이고 $1+1=2$, $6+6=12$이므로

■에 알맞은 숫자를 ☐ 또는 ☐으로 예상할 수 있습니다.

풀이

① ■에 알맞은 숫자를 1로 예상하고 ▲의 값 구하기

■에 알맞은 숫자를 1로 예상하면 다음과 같습니다.

```
       ▲
1.▲)3 0.2
    2 5 1
   ------
      ▲.1
```

➡ ▲에 알맞은 숫자는 없습니다.

② ■에 알맞은 숫자를 6으로 예상하고 ▲의 값 구하기

■에 알맞은 숫자를 6으로 예상하면 다음과 같습니다.

```
       ▲
6.▲)3 0.2
    2 5 6
   ------
      ▲.6
```

➡ ▲에 알맞은 숫자는 ☐입니다.

③ 나눗셈의 나머지 구하기

■=☐이고 ▲=☐이므로

나눗셈의 몫을 자연수까지 구했을 때 나머지 ▲.■는 ☐입니다.

답 ☐

바른답 • 알찬풀이 19쪽

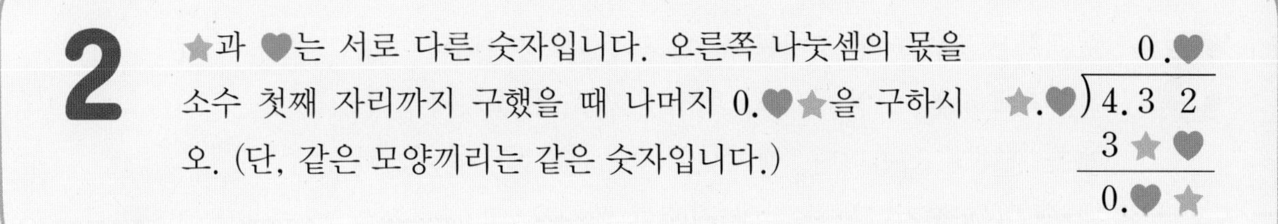

2 ★과 ♥는 서로 다른 숫자입니다. 오른쪽 나눗셈의 몫을 소수 첫째 자리까지 구했을 때 나머지 0.♥★을 구하시오. (단, 같은 모양끼리는 같은 숫자입니다.)

```
         0.♥
★.♥ ) 4.3 2
        3 ★ ♥
       ------
        0.♥ ★
```

문제 분석

구하려는 것에 밑줄을 긋고 주어진 조건을 정리해 보시오.

- ★과 ♥는 서로 다른 숫자입니다.
- ☐ ÷ ★.♥의 몫을 소수 첫째 자리까지 구했습니다.

♥ × ♥의 일의 자리 숫자가 ♥이고 $1\times1=1$, $5\times5=25$, $6\times6=36$이므로 ♥에 알맞은 숫자를 ☐ 또는 ☐ 또는 ☐으로 예상할 수 있습니다.

풀이

① ♥에 알맞은 숫자를 1로 예상하고 ★의 값 구하기

② ♥에 알맞은 숫자를 5로 예상하고 ★의 값 구하기

③ ♥에 알맞은 숫자를 6으로 예상하고 ★의 값 구하기

④ 나눗셈의 나머지 구하기

답

예상과 확인으로 해결하기

3

오른쪽은 쌓기나무 7개를 쌓아 만든 모양입니다. 위, 앞, 옆에서 본 모양이 각각 변하지 않도록 쌓기나무 한 개를 빼내려고 합니다. 쌓기나무 ㉠, ㉡, ㉢, ㉣ 중 빼낼 수 있는 쌓기나무를 찾아 기호를 쓰시오.

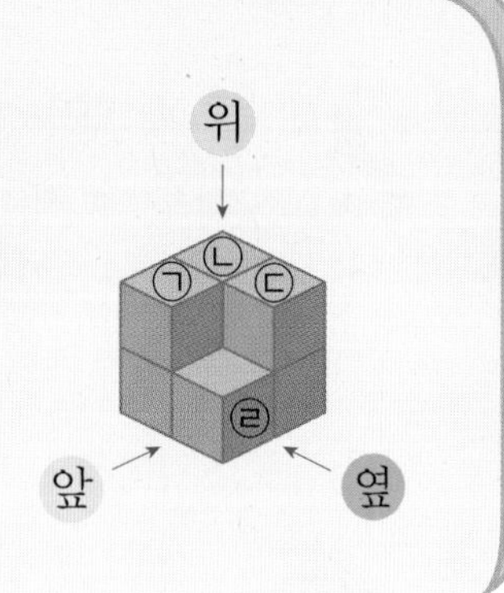

문제 분석

구하려는 것에 밑줄을 긋고 주어진 조건을 정리해 보시오.

쌓기나무 ☐개를 쌓은 모양

해결 전략

- 먼저 주어진 모양을 위, 앞, 옆에서 본 모양을 각각 알아봅니다.
- 쌓기나무를 빼낸 후의 모습을 예상하여 위, 앞, 옆에서 본 모양이 그대로인지 확인해 봅니다.

풀이

❶ 쌓기나무를 빼내기 전 위, 앞, 옆에서 본 모양 각각 알아보기

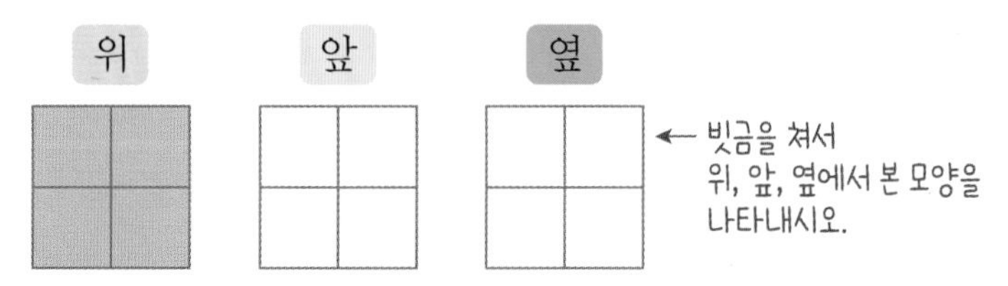

❷ 각 쌓기나무를 빼내고 위, 앞, 옆에서 본 모양 확인해 보기

[예상 1] ㉠ 쌓기나무를 빼내면 (위 , 앞 , 옆)에서 본 모양이 변합니다.

[예상2] ㉡ 쌓기나무를 빼내면 위, 앞, 옆에서 본 모양이 모두 변하지 않습니다.

[예상3] ㉢ 쌓기나무를 빼내면 (위 , 앞 , 옆)에서 본 모양이 변합니다.

[예상4] ㉣ 쌓기나무를 빼내면 (위 , 앞 , 옆)에서 본 모양이 변합니다.

➡ 따라서 빼낼 수 있는 쌓기나무는 ☐입니다.

답 ☐

바른답 • 알찬풀이 19쪽

4

오른쪽은 쌓기나무 11개를 쌓아 만든 모양입니다. 위, 앞, 옆에서 본 모양이 각각 변하지 않도록 쌓기나무 한 개를 빼내려고 합니다. 쌓기나무 ㉠, ㉡, ㉢, ㉣ 중 빼낼 수 있는 쌓기나무를 모두 찾아 기호를 쓰시오.

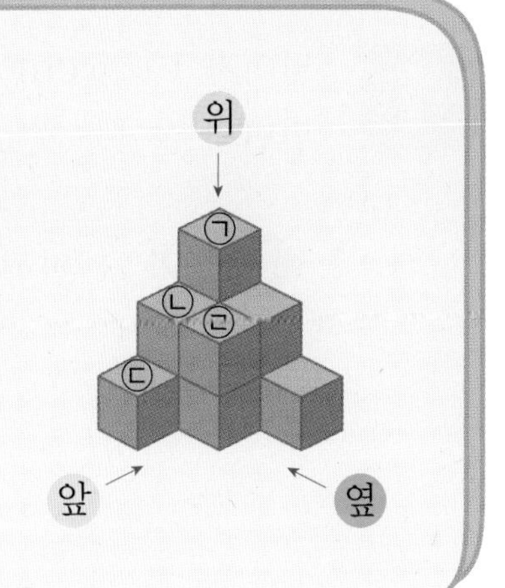

문제 분석

구하려는 것에 밑줄을 긋고 주어진 조건을 정리해 보시오.

쌓기나무 [ ] 개를 쌓은 모양

해결 전략

- 먼저 주어진 모양을 위, 앞, 옆에서 본 모양을 각각 알아봅니다.
- 쌓기나무를 빼낸 후의 모습을 예상하여 위, 앞, 옆에서 본 모양이 그대로인지 확인해 봅니다.

풀이

① 쌓기나무를 빼내기 전 위, 앞, 옆에서 본 모양 각각 알아보기

② 각 쌓기나무를 빼내고 위, 앞, 옆에서 본 모양 확인해 보기

답

예상과 확인으로 해결하기

1 넓이가 157.5 cm^2인 삼각형의 밑변의 길이와 높이의 비가 5 : 7입니다. 이 삼각형의 밑변의 길이는 몇 cm입니까? (단, 밑변의 길이와 높이는 자연수입니다.)

해결 전략 비가 5 : 7이 되도록 밑변의 길이와 높이를 예상하고 삼각형의 넓이를 구하여 확인해 봅니다.

2 다음 나눗셈의 몫을 반올림하여 소수 둘째 자리까지 나타내면 0.76이 됩니다. □ 안에 들어갈 수 있는 숫자를 모두 구하시오.

3.5□7 ÷ 4.6

해결 전략 □ 안에 0부터 9까지의 수를 차례로 넣어 계산해 봅니다.

바른답 • 알찬풀이 20쪽

3

민희, 현수, 아영이가 읽은 책은 모두 87권입니다. 현수는 민희보다 12권 더 많이 읽었고, 현수가 읽은 책 수와 아영이가 읽은 책 수의 비는 4 : 3입니다. 민희가 읽은 책은 몇 권입니까?

해결 전략 먼저 주어진 비를 이용하여 현수와 아영이가 읽은 책 수를 예상해 봅니다.

4

다음 식이 성립하도록 ◯ 안에 × 또는 ÷를 알맞게 써넣으시오.

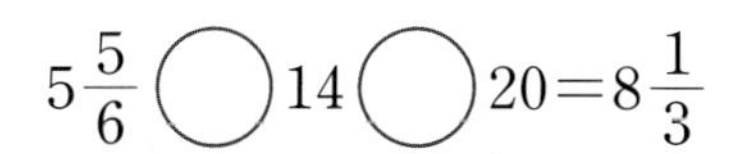

$5\frac{5}{6}$ ◯ 14 ◯ $20 = 8\frac{1}{3}$

해결 전략 ◯ 안에 들어갈 기호를 예상하고 계산하여 확인해 봅니다.

5 오른쪽은 쌓기나무 18개를 쌓아 만든 모양입니다. 위, 앞, 옆에서 본 모양이 각각 변하지 않도록 쌓기나무를 빼내려고 합니다. 쌓기나무를 최대 몇 개까지 빼낼 수 있습니까?

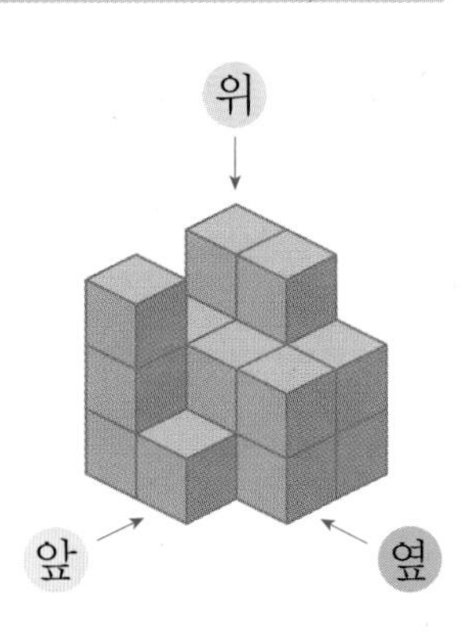

해결 전략 먼저 쌓기나무가 가장 많이 쌓여 있는 자리부터 쌓기나무를 빼낸다고 예상해 봅니다.

6 어떤 소수를 7로 나눈 몫을 소수 첫째 자리까지 구하면 나머지가 0.6이고, 몫을 반올림하여 소수 첫째 자리까지 나타내면 5.6입니다. 어떤 소수를 구하시오.

해결 전략 반올림하여 5.6이 되는 몫의 범위를 알아본 다음 어떤 소수를 예상해 봅니다.

바른답 • 알찬풀이 21쪽

7 어떤 직육면체의 가로와 세로의 합은 25 cm이고, 가로와 높이의 합은 22 cm입니다. 높이에 대한 세로의 비율이 $1\frac{1}{3}$일 때 이 직육면체의 부피는 몇 cm^3입니까? (단, 직육면체의 가로, 세로, 높이는 자연수입니다.)

해결 전략 직육면체의 가로를 예상하고 세로와 높이를 각각 구하여 비율을 확인해 봅니다.

8 다음 식의 계산 결과가 자연수일 때 ㉠과 ㉡에 알맞은 수를 (㉠, ㉡)으로 나타내려고 합니다. (㉠, ㉡)은 모두 몇 가지입니까? (단, ㉠과 ㉡은 1보다 큰 한 자리 자연수입니다.)

$$\frac{2}{3} \div ㉠ \times ㉡$$

해결 전략 주어진 식을 간단히 나타낸 후 ㉡에 알맞은 수를 예상하고 계산하여 ㉠에 알맞은 수를 구합니다.

도전, 창의사고력

혜리네 반 담임 선생님은 세 개의 동영상 채널에 수업을 업로드 하고 있습니다. 음악 채널의 이번 달 구독자 수는 지난달에 비해 10 % 증가하였고, 미술 채널의 이번 달 구독자 수는 지난달에 비해 20 % 증가하였습니다. 체육 채널은 지난달과 이번 달의 구독자 수가 같을 때 다음 표를 완성해 보시오.

줄기쌤 동영상 채널의 구독자 수

	지난달	이번 달
음악 채널		
미술 채널		
체육 채널	10명	10명
합계	130명	147명

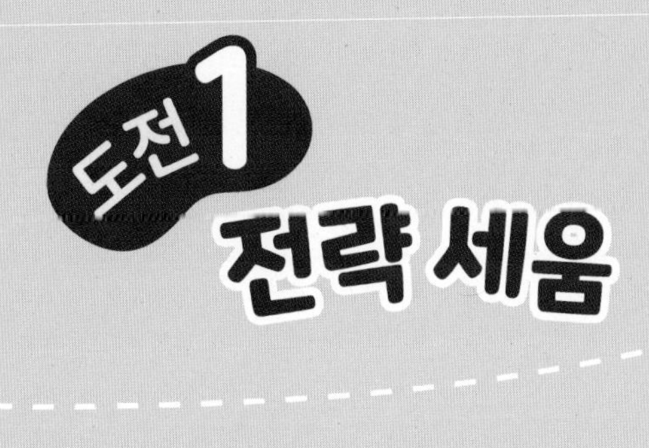

조건을 따져 해결하기

조건을 따져 해결하기

1

찬희네 가족이 텃밭 전체의 $\frac{1}{5}$에 상추를 심고, 나머지의 $\frac{1}{6}$에 고추를 심었습니다. 상추와 고추를 심은 부분의 넓이의 합이 105 m^2일 때 상추와 고추를 심은 부분의 넓이는 각각 몇 m^2입니까?

문제 분석 구하려는 것에 밑줄을 긋고 주어진 조건을 정리해 보시오.

- (상추를 심은 부분)=(전체의 □)
- (고추를 심은 부분)=(상추를 심고 남은 부분의 □)
- 상추와 고추를 심은 부분의 넓이의 합: □ m^2

해결 전략 텃밭 전체를 1로 생각하고 상추와 고추를 심은 부분의 넓이의 비를 구합니다.

풀이

❶ 상추와 고추를 심은 부분의 넓이의 비를 간단한 자연수의 비로 나타내기

상추를 심고 남은 부분은 전체의 1−□=□이므로

고추를 심은 부분은 전체의 □$\times\frac{1}{6}=$□입니다.

➡ (상추를 심은 부분) : (고추를 심은 부분)$=\frac{1}{5}$: □=3 : □

❷ 상추와 고추를 심은 부분의 넓이는 각각 몇 m^2인지 구하기

(상추를 심은 부분의 넓이)$=105\times\frac{\square}{5}=$□ ($m^2$)

(고추를 심은 부분의 넓이)$=105\times\frac{\square}{5}=$□ ($m^2$)

답 상추: □ m^2, 고추: □ m^2

바른답 • 알찬풀이 23쪽

2

화단 전체의 $\frac{2}{7}$에는 튤립을 심고, 나머지의 $\frac{3}{4}$에는 국화를 심었습니다. 튤립과 국화를 심은 부분의 넓이의 합이 161 m^2일 때 튤립과 국화 중 어느 것을 심은 부분이 몇 m^2 더 넓습니까?

문제 분석 구하려는 것에 밑줄을 긋고 주어진 조건을 정리해 보시오.

- (튤립을 심은 부분)=(전체의 ☐)
- (국화를 심은 부분)=(튤립을 심고 남은 부분의 ☐)
- 튤립과 국화를 심은 부분의 넓이의 합: ☐ m^2

해결 전략 화단 전체를 1로 생각하고 튤립과 국화를 심은 부분의 넓이의 비를 구합니다.

풀이

① **튤립과 국화를 심은 부분의 넓이의 비를 간단한 자연수의 비로 나타내기**

② **튤립과 국화를 심은 부분의 넓이는 각각 몇 m^2인지 구하기**

③ **튤립과 국화 중 어느 것을 심은 부분이 몇 m^2 더 넓은지 구하기**

답

3

오른쪽은 반지름이 7 cm인 원과 직사각형 ㄱㄴㄷㄹ을 겹쳐 그린 것입니다. 색칠한 ㉮ 부분과 ㉯ 부분의 넓이가 같을 때 변 ㄴㄷ의 길이는 몇 cm인지 소수로 나타내시오. (원주율: 3.1)

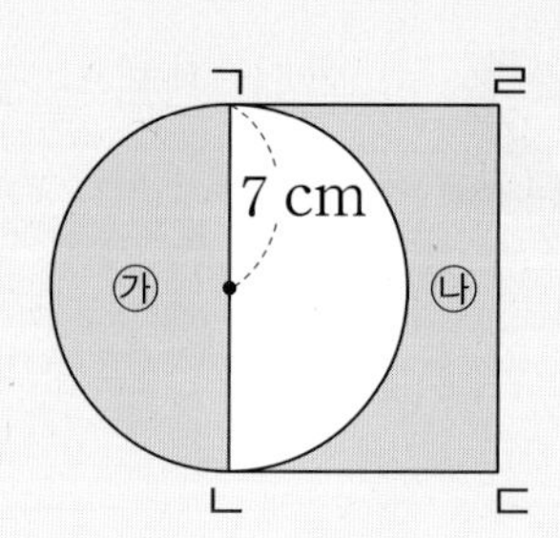

문제 분석 구하려는 것에 밑줄을 긋고 주어진 조건을 정리해 보시오.

- 원의 반지름: ☐ cm
- (㉮ 부분의 넓이)=(㉯ 부분의 넓이)
- 원주율: ☐

해결 전략 색칠한 부분 ㉮와 ㉯의 넓이가 같고 색칠하지 않은 부분은 원과 직사각형의 공통된 부분이므로 직사각형 ㄱㄴㄷㄹ의 넓이는 반지름이 7 cm인 ☐의 넓이와 같습니다.

풀이

❶ 원의 넓이는 몇 cm^2인지 구하기

(원의 넓이)=(반지름)×(반지름)×(원주율)

=☐×☐×☐=☐ (cm^2)

❷ 직사각형 ㄱㄴㄷㄹ의 넓이는 몇 cm^2인지 구하기

(직사각형 ㄱㄴㄷㄹ의 넓이)=(☐의 넓이)=☐ cm^2

❸ 변 ㄴㄷ의 길이는 몇 cm인지 구하기

(변 ㄱㄴ의 길이)=7×☐=☐ (cm)

➡ (변 ㄴㄷ의 길이)=(직사각형 ㄱㄴㄷㄹ의 넓이)÷(변 ㄱㄴ의 길이)

=☐÷☐=☐ (cm)

답 ☐ cm

바른답 • 알찬풀이 23쪽

4

오른쪽은 반지름이 8 cm인 원의 일부와 직사각형 ㄱㄴㄷㄹ을 겹쳐 그린 것입니다. 색칠한 ㉮ 부분과 ㉯ 부분의 넓이가 같을 때 변 ㄱㄴ의 길이는 몇 cm인지 소수로 나타내시오. (원주율: 3.14)

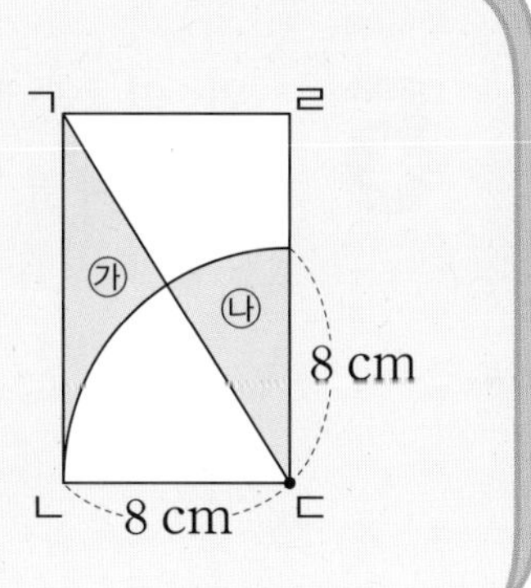

문제 분석 구하려는 것에 밑줄을 긋고 주어진 조건을 정리해 보시오.

• 원의 반지름: ☐ cm

• (㉮ 부분의 넓이)=(㉯ 부분의 넓이)

• 원주율: ☐

해결 전략 색칠한 부분 ㉮와 ㉯의 넓이가 같고 색칠하지 않은 원의 일부는 공통된 부분이므로 삼각형 ㄱㄴㄷ의 넓이는 반지름이 ☐ cm인 원 넓이의 ☐과 같습니다.

풀이

❶ 원 일부의 넓이는 몇 cm^2인지 구하기

❷ 삼각형 ㄱㄴㄷ의 넓이는 몇 cm^2인지 구하기

❸ 변 ㄱㄴ의 길이는 몇 cm인지 구하기

답

5 위, 앞, 옆에서 본 모양이 각각 다음과 같도록 쌓기나무를 쌓으려고 합니다. 쌓기나무를 가장 적게 쌓은 경우에 쌓기나무 수는 몇 개입니까?

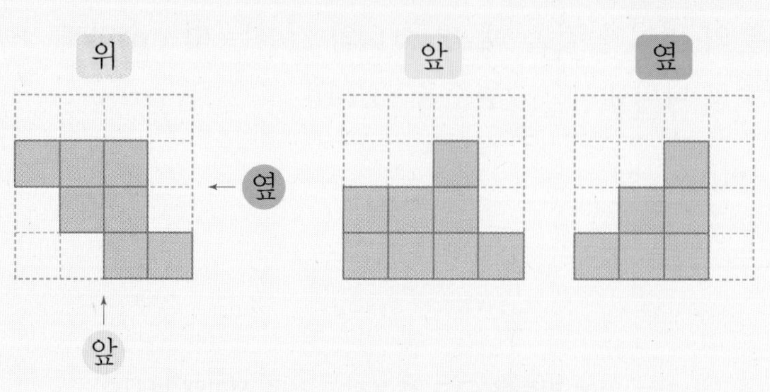

문제 분석 구하려는 것에 밑줄을 긋고 주어진 조건을 정리해 보시오.

쌓은 쌓기나무를 □, □, □에서 본 모양

해결 전략 앞, 옆에서 본 모양을 이용하여 □에서 본 모양의 각 칸에 쌓은 쌓기나무의 수를 써넣어 봅니다.

풀이

❶ **위에서 본 모양에 쌓은 쌓기나무의 수 써넣기**

쌓은 쌓기나무를 앞, 옆에서 본 모양을 보고 ㉠, ㉡, ㉢을 제외한 빈칸에 쌓은 쌓기나무의 수를 써 봅니다.

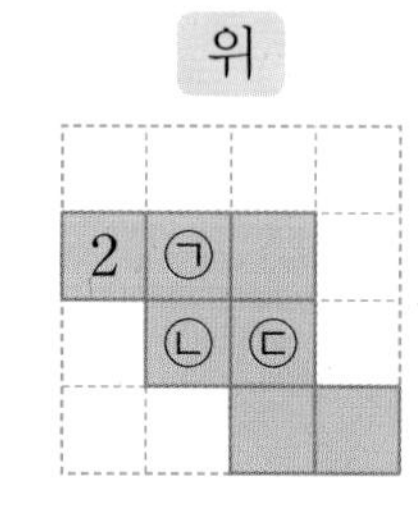

❷ **쌓기나무를 가장 적게 쌓은 경우 ㉠, ㉡, ㉢에 알맞은 수 각각 구하기**

쌓기나무를 가장 적게 쌓으려면 ㉠에 1개, ㉡에 □개, ㉢에 □개를 쌓으면 됩니다.

❸ **쌓기나무를 가장 적게 쌓은 경우에 쌓기나무 수는 몇 개인지 구하기**

쌓은 쌓기나무가 가장 적은 경우에 자리별 쌓기나무 수를 모두 더합니다.

➡ $2+1+\square+\square+\square+\square+\square=\square$(개)

답 □개

바른답 • 알찬풀이 24쪽

6

위, 앞, 옆에서 본 모양이 각각 다음과 같도록 쌓기나무를 쌓으려고 합니다. 쌓기나무를 가장 많이 쌓은 경우에 쌓기나무 수는 몇 개입니까?

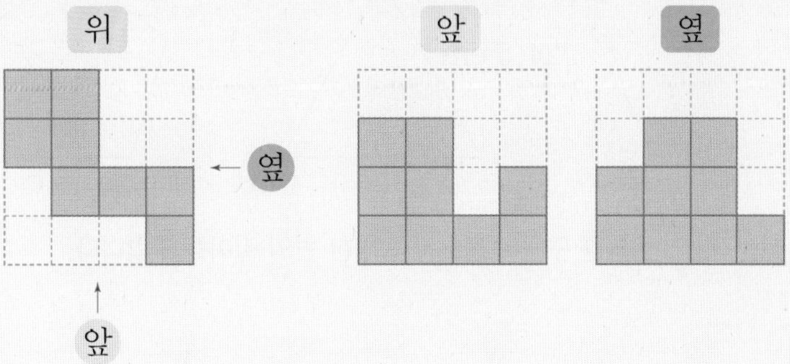

위 앞 옆

옆

앞

문제 분석 구하려는 것에 밑줄을 긋고 주어진 조건을 정리해 보시오.

쌓은 쌓기나무를 ☐, ☐, ☐에서 본 모양

해결 전략 앞, 옆에서 본 모양을 이용하여 ☐에서 본 모양의 각 칸에 쌓은 쌓기나무의 수를 써넣어 봅니다.

풀이

1 위에서 본 모양에 쌓은 쌓기나무의 수 써넣기

2 쌓기나무를 가장 많이 쌓은 경우에 쌓기나무 수는 몇 개인지 구하기

답

조건을 따져 해결하기

1

다음 정삼각형과 정오각형의 둘레가 같을 때 정삼각형의 한 변의 길이에 대한 정오각형의 한 변의 길이의 비율을 기약분수로 나타내시오.

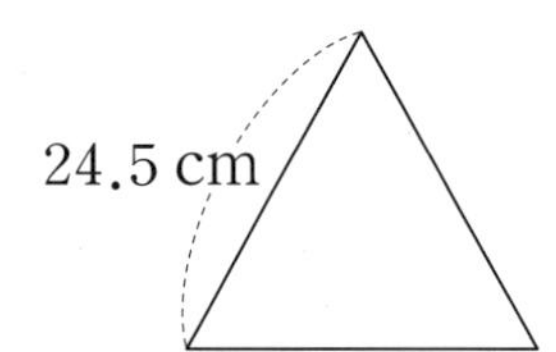

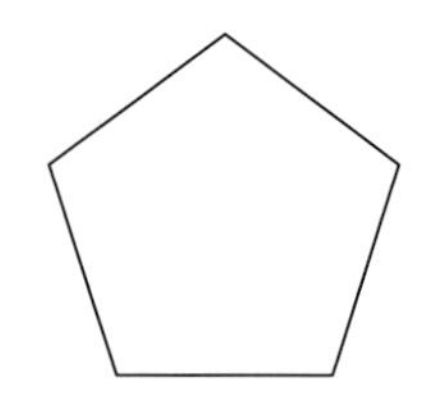

해결 전략 정삼각형의 둘레를 구하여 정오각형의 한 변의 길이를 구합니다.

2

오른쪽 직사각형 모양 바닥에 한 변의 길이가 0.25 m인 정사각형 모양의 타일을 겹치지 않도록 빈틈없이 붙이려고 합니다. 타일은 모두 몇 장 필요합니까?

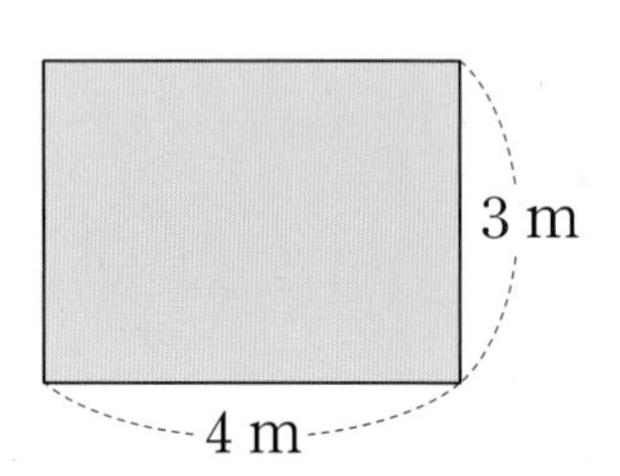

해결 전략
- (가로 한 줄에 놓이는 타일 수)=(가로)÷(타일의 한 변의 길이)
- (세로 한 줄에 놓이는 타일 수)=(세로)÷(타일의 한 변의 길이)

3

앞에서 본 모양이 변하지 않도록 ㉠과 ㉡ 위에 쌓기나무를 더 쌓으려고 합니다. ㉠과 ㉡ 위에 더 쌓을 수 있는 쌓기나무는 최대 몇 개입니까?

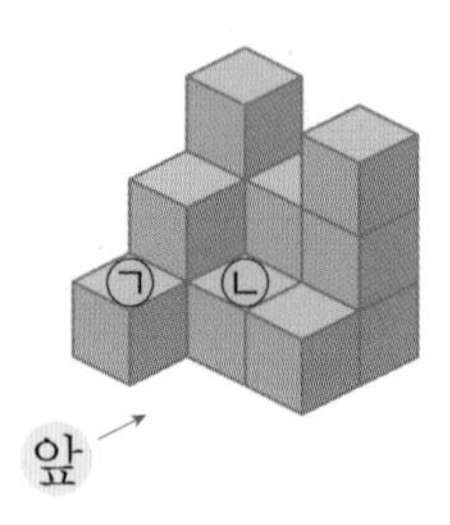

해결 전략 먼저 앞에서 본 모양을 알아보고 ㉠과 ㉡에 각각 쌓기나무를 몇 개까지 더 쌓을 수 있는지 따져 봅니다.

4

성환이와 현지가 각자 네 장의 수 카드를 한 번씩만 사용하여 (대분수)÷(자연수)의 나눗셈식을 만들었습니다. 두 사람이 만든 나눗셈식의 몫의 합을 기약분수로 나타내시오.

나는 몫이 가장 작은
나눗셈식을 만들었어.

나는 몫이 가장 큰
나눗셈식을 만들었어.

성환 현지

• 나누어지는 수가 클수록 나누는 수가 작을수록 몫이 큽니다.
• 나누어지는 수가 작을수록 나누는 수가 클수록 몫이 작습니다.

5

오른쪽은 정사각형의 두 꼭짓점을 중심으로 하여 원의 일부를 그린 것입니다. 색칠한 부분의 둘레는 몇 cm입니까? (원주율: 3.1)

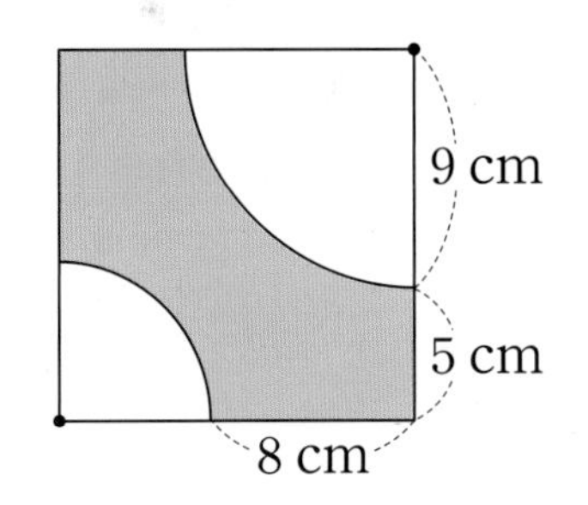

해결 전략 (색칠한 부분의 둘레)=(곡선 부분의 길이)+(직선 부분의 길이)

6 나눗셈 $3.45 \div 2.78$에서 나누어지는 수에 어떤 수를 더하여 몫이 소수 둘째 자리에서 나누어떨어지게 하려고 합니다. 어떤 수 중에서 가장 작은 수를 구하시오.

해결 전략 먼저 $3.45 \div 2.78$의 몫을 최소한 소수 둘째 자리까지 구해 봅니다.

7 오른쪽은 사각형과 원이 겹쳐진 도형입니다. 겹쳐진 부분 ㉮의 넓이는 사각형 넓이의 $\frac{2}{5}$이고, 원 넓이의 $\frac{1}{4}$일 때 사각형과 원의 넓이의 비를 간단한 자연수의 비로 나타내시오.

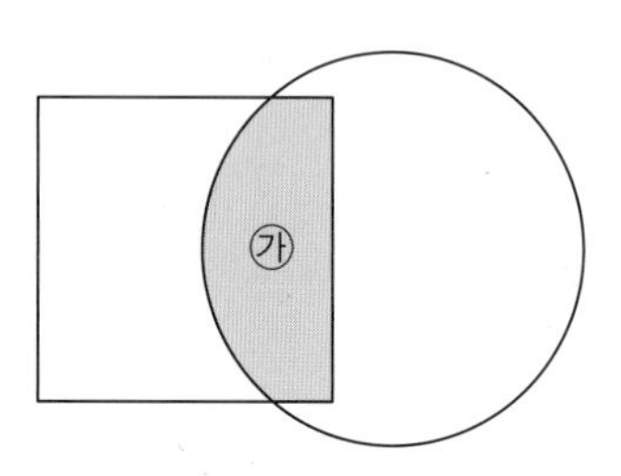

해결 전략 ■×●=▲×★은 비례식 ■ : ▲=★ : ●로 나타낼 수 있습니다.

8 주어진 식 4개의 계산 결과가 같을 때 ★, ■, ▲, ◆에 알맞은 수의 크기를 비교하여 큰 수를 나타내는 것부터 차례로 쓰시오.

㉮ $★ \div 4 \times 5$　　㉯ $■ \div 6 \times \frac{1}{7}$

㉰ $▲ \times \frac{5}{8} \div 20$　　㉱ $◆ \times \frac{3}{5} \div 2$

해결 전략 먼저 주어진 식의 나눗셈을 곱셈으로 나타내어 식을 간단히 합니다.

9 왼쪽 직육면체 모양에서 쌓기나무를 몇 개 빼내어 오른쪽 모양을 만들려고 합니다. 빼내야 하는 쌓기나무는 모두 몇 개입니까?

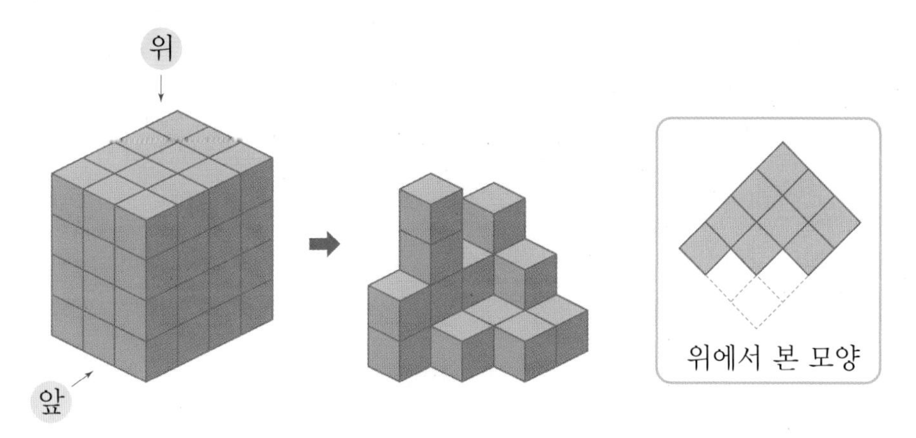

해결 전략 위에서 본 모양의 각 칸에 빼내야 하는 쌓기나무의 수를 써넣어 봅니다.

10 쌓기나무 10개를 이용하여 다음 조건을 모두 만족하는 모양을 만들 때 만들 수 있는 모양은 모두 몇 가지입니까?

- 쌓기나무를 4층까지 쌓은 모양이고, 각 층에 쌓은 쌓기나무의 수는 모두 다릅니다.
- 위에서 본 모양은 오른쪽과 같습니다.

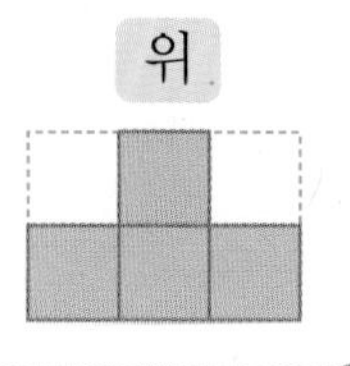

해결 전략 위에서 본 모양의 각 칸에 쌓을 수 있는 쌓기나무의 수를 써넣어 봅니다.

도전, 창의사고력

바른답 • 알찬풀이 26쪽

윤하가 한 달 동안 사용하는 돈은 식품비, 교통·통신비, 학용품비, 문화생활비, 저축, 기타와 같이 6가지 항목으로 구분할 수 있습니다. 다음은 윤하가 이번 달에 사용한 돈의 쓰임새별 금액을 조사하여 나타낸 원그래프와 표입니다. 윤하가 다음 달에는 이번 달보다 2000원 더 저축하기 위해 아래와 같이 계획을 세웠습니다. 다음 달에 윤하가 사용한 전체 금액에 대한 식품비의 백분율은 몇 %가 되겠습니까?

쓰임새별 금액

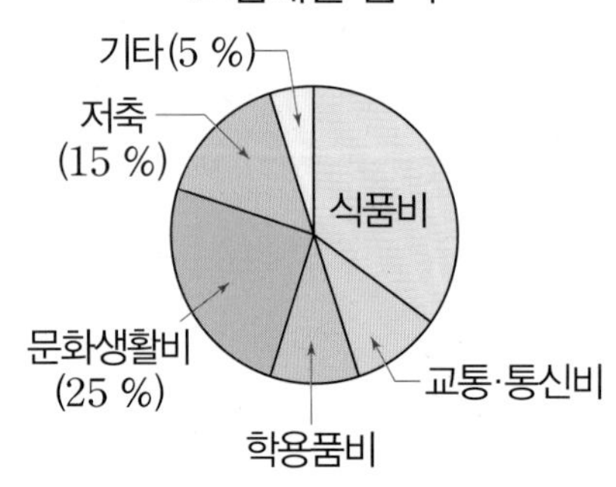

쓰임새별 금액

쓰임새	식품비	교통·통신비	학용품비	문화생활비	저축	기타	합계
금액 (원)		8000	8000	20000		4000	

다음 달 계획

목표: 2000원 더 저축하기

- ☑ 이번 달보다 사용하는 전체 금액을 4000원 더 늘릴 예정
- ☑ 교통·통신비를 이번 달의 110 %만큼 사용하고,
  학용품비를 이번 달의 95 %만큼 사용할 예정
- ☑ 문화생활비는 이번 달과 똑같은 금액만큼 사용함
- ☑ 사용하는 전체 금액에 대한 기타의 백분율은 이번 달과 같게 함

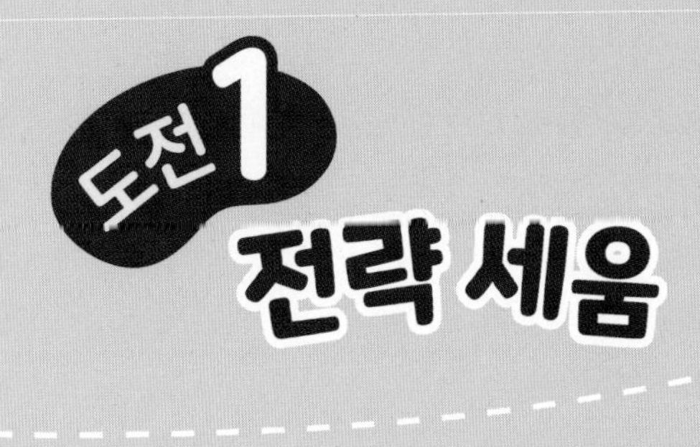

단순화하여 해결하기

익히기

단순화하여 해결하기

1 길이가 91.5 m인 도로의 한쪽에 일정한 간격으로 가로등을 16개 세웠습니다. 도로의 시작과 끝에도 가로등을 세웠다면 가로등과 가로등 사이의 거리는 몇 m인지 소수로 나타내시오. (단, 가로등의 굵기는 생각하지 않습니다.)

문제 분석 구하려는 것에 밑줄을 긋고 주어진 조건을 정리해 보시오.

• 도로의 길이: □ m

• 세운 가로등 수: □개

해결 전략 세운 가로등 수가 3개, 4개일 경우를 알아본 후 단순화하여 세운 가로등 수가 16개일 때 가로등과 가로등 사이의 간격 수를 알아봅니다.

풀이

① 가로등을 16개 세웠을 때 가로등과 가로등 사이의 간격 수 알아보기

가로등을 3개 세웠을 때

가로등을 4개 세웠을 때

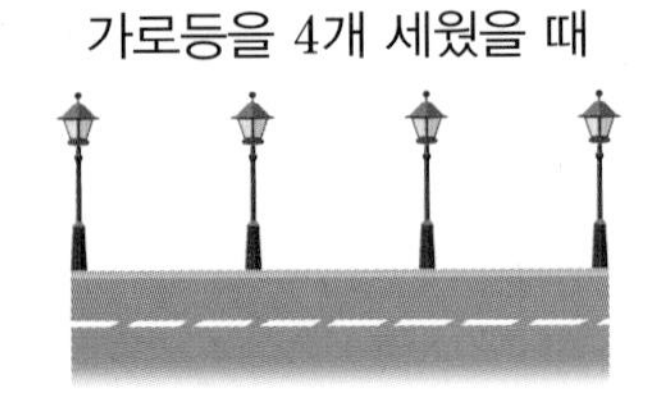

가로등을 3개 세우면 간격이 $3-1=$□(군데) 생기고,

가로등을 4개 세우면 간격이 $4-1=$□(군데) 생깁니다.

➡ 가로등을 16개 세우면 간격이 $16-$□$=$□(군데) 생깁니다.

② 가로등을 16개 세웠을 때 가로등과 가로등 사이의 거리는 몇 m인지 구하기

(가로등과 가로등 사이의 거리)

$=$(도로의 길이)$\div$(가로등과 가로등 사이의 간격 수)

$=$□$\div$□$=$□ (m)

답 □ m

바른답•알찬풀이 27쪽

2

길이가 $19\frac{1}{5}$ km인 원 모양의 호수 산책로에 일정한 간격으로 나무를 심었습니다. 첫 번째 나무와 17번째 나무가 마주 볼 때 나무와 나무 사이의 거리는 몇 km인지 기약분수로 나타내시오. (단, 나무의 굵기는 생각하지 않습니다.)

문제 분석

구하려는 것에 밑줄을 긋고 주어진 조건을 정리해 보시오.

- 원 모양 호수 산책로의 길이: ☐ km
- 첫 번째 나무와 ☐번째 나무가 마주 봅니다.

해결 전략

첫 번째 나무와 세 번째 나무가 마주 보는 경우, 첫 번째 나무와 네 번째 나무가 마주 보는 경우로 단순화하여 첫 번째 나무와 17번째 나무가 마주 볼 때 나무와 나무 사이의 간격 수를 알아봅니다.

풀이

❶ 나무와 나무 사이의 간격 수 구하기

❷ 나무와 나무 사이의 거리는 몇 km인지 구하기

답

3

오른쪽 도형에서 색칠한 부분의 넓이는 몇 cm^2입니까?

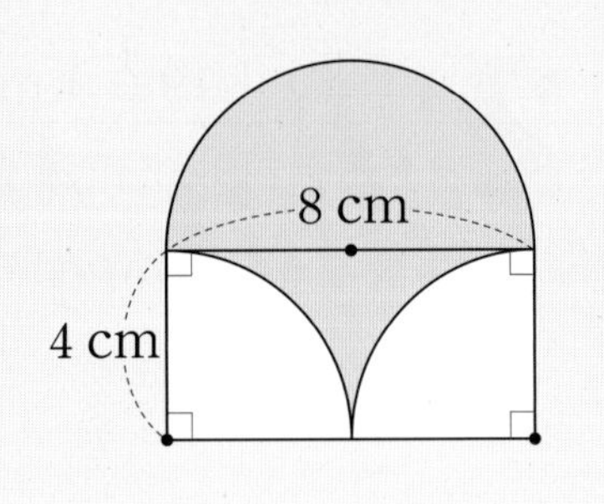

문제 분석

구하려는 것에 밑줄을 긋고 주어진 조건을 정리해 보시오.

- 반원과 직사각형을 이어 붙여 만든 도형입니다.
- 반원의 지름: ☐ cm
- 직사각형 안에 반지름이 ☐ cm인 원의 일부를 그렸습니다.

해결 전략

반원 부분을 옮겨 넓이를 구하기 쉬운 도형으로 만들어 봅니다.

풀이

❶ 색칠한 부분의 일부를 옮겨서 넓이를 구하기 쉬운 도형으로 나타내기

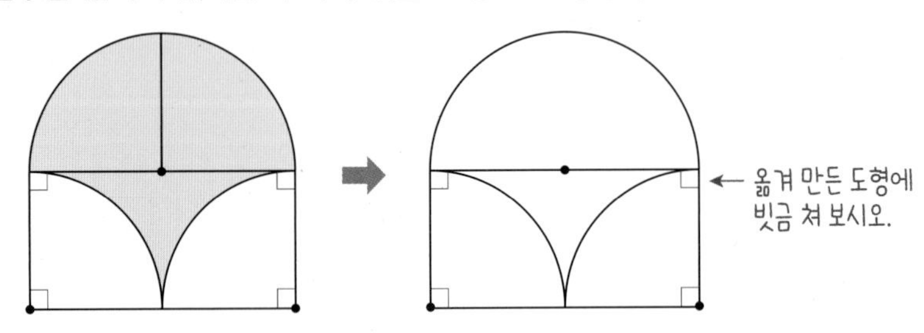

❷ 색칠한 부분의 넓이는 몇 cm^2인지 구하기

(색칠한 부분의 넓이)

=(가로가 ☐ cm, 세로가 ☐ cm인 직사각형의 넓이)

=☐×☐=☐ (cm^2)

답 ☐ cm^2

바른답 • 알찬풀이 27쪽

4

오른쪽 도형에서 색칠한 부분의 넓이는 몇 cm^2입니까?

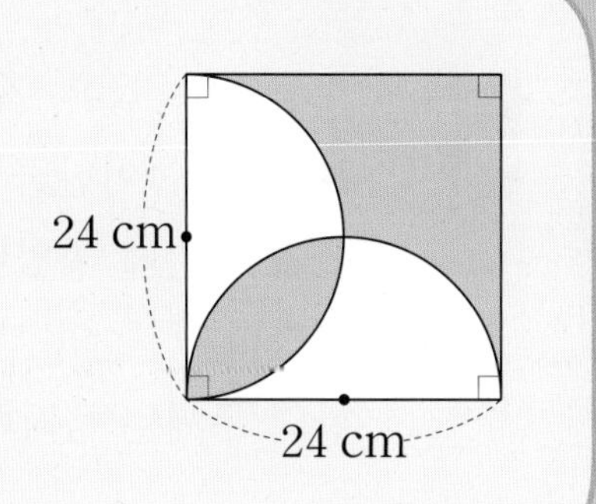

문제 분석 구하려는 것에 밑줄을 긋고 주어진 조건을 정리해 보시오.

한 변의 길이가 [ ] cm인 정사각형 안에 지름이 [ ] cm인 반원을 그렸습니다.

해결 전략 2개의 반원이 겹쳐진 부분을 반으로 나눈 다음 옮겨 넓이를 구하기 쉬운 도형으로 만들어 봅니다.

풀이

① 색칠한 부분의 일부를 옮겨서 넓이를 구하기 쉬운 도형으로 나타내기

② 색칠한 부분의 넓이는 몇 cm^2인지 구하기

답

단순화하여 해결하기

5

오른쪽과 같은 직육면체 모양의 어항에 물이 10 cm 높이만큼 들어 있었습니다. 이 어항에 돌을 잠기게 넣었더니 물의 높이가 13 cm가 되었습니다. 돌의 부피는 몇 cm^3입니까? (단, 어항의 두께는 생각하지 않습니다.)

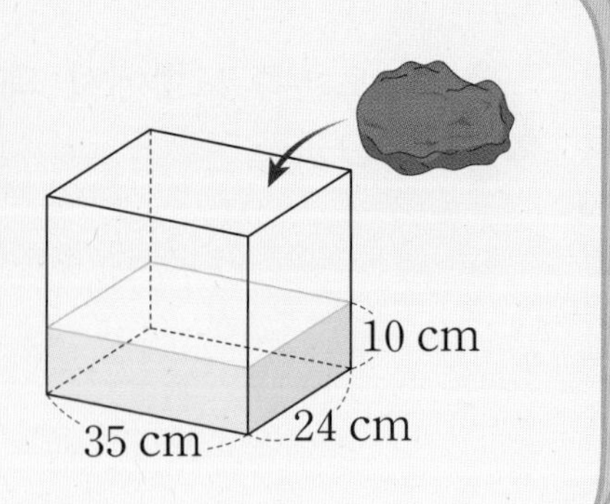

문제 분석 구하려는 것에 밑줄을 긋고 주어진 조건을 정리해 보시오.

- 어항의 모양: ☐
- 어항의 가로: 35 cm
- 어항의 세로: ☐ cm
- 돌의 넣기 전 물의 높이: ☐ cm
- 돌을 넣은 후 물의 높이: ☐ cm

해결 전략 돌을 물에 잠기게 넣으면 돌의 부피만큼 전체 부피가 늘어납니다.

풀이

❶ 돌을 넣은 후 물의 높이가 몇 cm 높아졌는지 구하기

(높아진 물의 높이)=(돌을 넣은 후 물의 높이)−(돌을 넣기 전 물의 높이)

=☐−☐=☐ (cm)

❷ 돌의 부피는 몇 cm^3인지 구하기

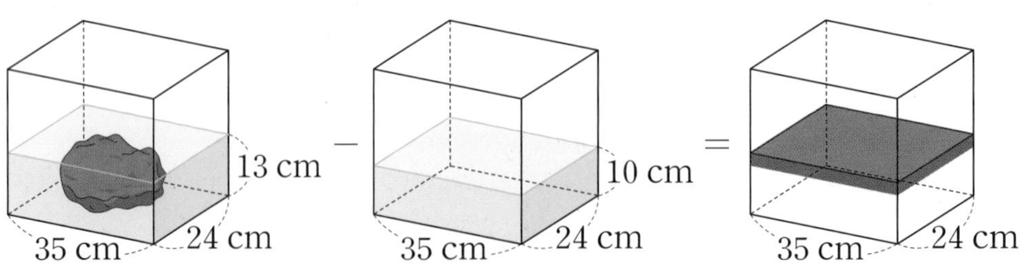

(돌의 부피)=(어항의 가로)×(어항의 세로)×(높아진 물의 높이)

=35×☐×☐=☐ (cm^3)

답 ☐ cm^3

바른답 • 알찬풀이 27쪽

6

오른쪽과 같은 정육면체 모양의 수조에 벽돌을 넣고 물을 가득 채웠습니다. 물을 채운 수조에서 벽돌을 꺼냈더니 물의 높이가 수조 높이의 $\frac{6}{7}$만큼 되었습니다. 벽돌의 부피는 몇 cm^3입니까? (단, 수조의 두께는 생각하지 않습니다.)

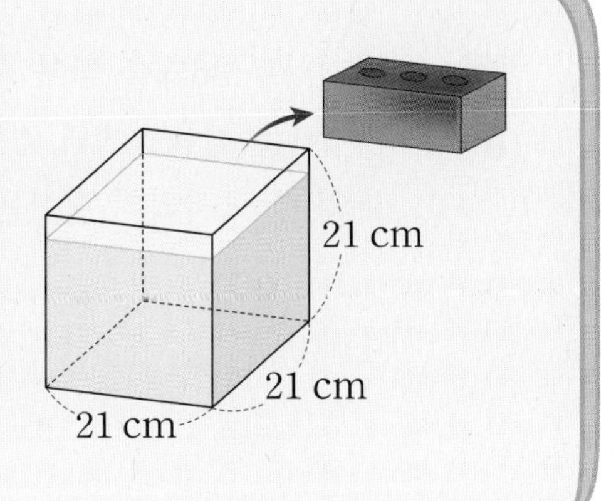

문제 분석 구하려는 것에 밑줄을 긋고 주어진 조건을 정리해 보시오.

• 수조의 모양: ☐

• 수조의 한 모서리의 길이: ☐ cm

• 수조에 벽돌을 넣고 물을 가득 채운 후 다시 벽돌을 꺼냈습니다.

• 벽돌을 꺼낸 후 물의 높이: 수조 높이의 ☐

해결 전략

• 벽돌을 수조에 넣었을 때와 수조에서 꺼낸 후의 물의 높이를 비교해 봅니다.
• (벽돌의 부피)=(수조의 가로)×(수조의 세로)×(낮아진 물의 높이)

풀이

① 벽돌을 꺼낸 후 물의 높이가 몇 cm 낮아졌는지 구하기

② 벽돌의 부피는 몇 cm^3인지 구하기

답

단순화하여 해결하기

7

쌓기나무 36개를 쌓아 오른쪽 직육면체를 만들었습니다. 만든 직육면체의 겉넓이가 648 cm^2일 때 쌓기나무의 한 모서리의 길이는 몇 cm입니까?

문제 분석

구하려는 것에 밑줄을 긋고 주어진 조건을 정리해 보시오.

- 쌓기나무 ☐개를 직육면체 모양으로 쌓았습니다.
- 만든 직육면체의 겉넓이: ☐ cm^2

해결 전략

- 직육면체의 겉넓이가 쌓기나무 한 면의 넓이의 몇 배인지 알아봅니다.
- 쌓기나무의 한 면의 넓이를 구한 다음 한 모서리의 길이를 구합니다.

풀이

❶ 직육면체의 겉넓이가 쌓기나무 한 면의 넓이의 몇 배인지 알아보기

쌓기나무를 가로에 6개, 세로에 ☐개, 높이에 ☐개씩 놓았으므로 만든 직육면체의 겉넓이는 쌓기나무의 한 면의 넓이의

$(6\times☐+2\times☐+3\times☐)\times2=☐$(배)와 같습니다.

❷ 쌓기나무의 한 면의 넓이는 몇 cm^2인지 구하기

(만든 직육면체의 겉넓이)=(쌓기나무 한 면의 넓이)×☐=648 cm^2

➡ (쌓기나무 한 면의 넓이)=648÷☐=☐ (cm^2)

❸ 쌓기나무의 한 모서리의 길이는 몇 cm인지 구하기

쌓기나무 한 면의 넓이는 ☐ cm^2이므로

쌓기나무의 한 모서리의 길이는 ☐ cm입니다.

답 ☐ cm

바른답 • 알찬풀이 28쪽

8

쌓기나무 60개를 쌓아 오른쪽 직육면체를 만들었습니다. 만든 직육면체의 겉넓이가 1504 cm^2일 때 쌓기나무 한 개의 부피는 몇 cm^3입니까?

문제 분석

구하려는 것에 밑줄을 긋고 주어진 조건을 정리해 보시오.

- 쌓기나무 ☐개를 직육면체 모양으로 쌓았습니다.
- 만든 직육면체의 겉넓이: ☐ cm^2

해결 전략

- 직육면체의 겉넓이가 쌓기나무 한 면의 넓이의 몇 배인지 알아봅니다.
- 쌓기나무의 한 면의 넓이를 구한 다음 한 모서리의 길이를 구하여 쌓기나무 한 개의 부피를 구합니다.

풀이

① 직육면체의 겉넓이가 쌓기나무 한 면의 넓이의 몇 배인지 알아보기

② 쌓기나무의 한 면의 넓이는 몇 cm^2인지 구하기

③ 쌓기나무의 한 모서리의 길이는 몇 cm인지 구하기

④ 쌓기나무 한 개의 부피는 몇 cm^3인지 구하기

답

적용하기

단순화하여 해결하기

1 오른쪽은 한 변의 길이가 20 cm인 정사각형에 원의 일부를 그린 것입니다. 색칠한 부분의 넓이는 몇 cm^2입니까? (원주율: 3.1)

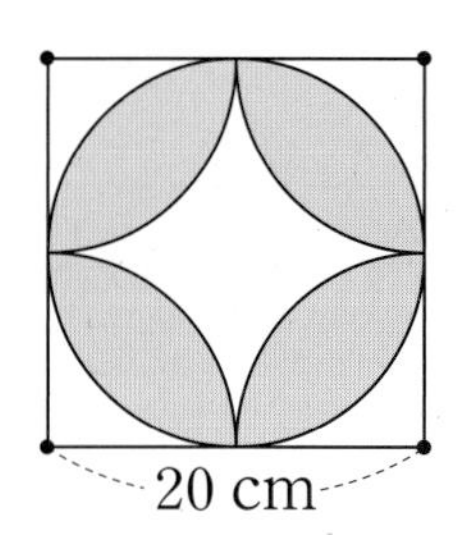

해결 전략 색칠한 부분을 여러 부분으로 나누어 단순화하여 구합니다.

2 오른쪽 입체도형의 부피는 몇 cm^3입니까?

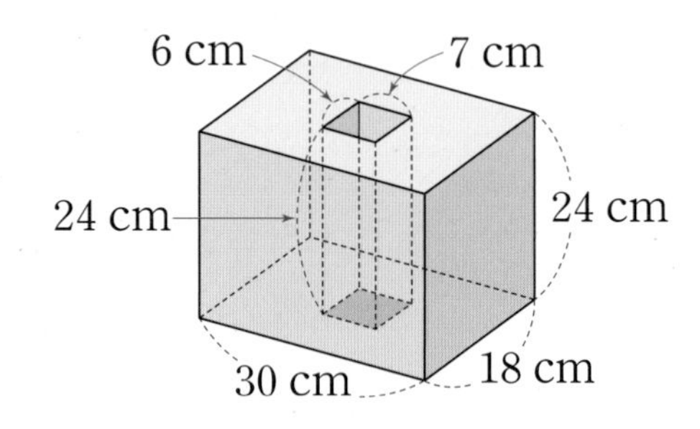

해결 전략 (입체도형의 부피)=(큰 직육면체의 부피)−(직육면체 모양 구멍의 부피)

3 오른쪽은 직사각형 ㄱㄴㄷㄹ을 합동인 작은 정사각형으로 나눈 것입니다. 평행사변형 ㅁㄴㅂㄹ의 넓이가 12.96 cm^2일 때 빨간색 선의 길이는 몇 cm입니까?

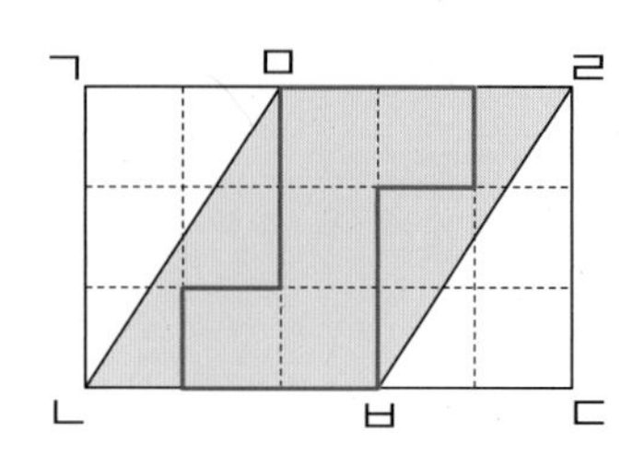

해결 전략
- 평행사변형의 넓이는 가장 작은 정사각형 몇 개의 넓이와 같은지 알아봅니다.
- 빨간색 선은 정사각형 한 변의 길이의 몇 배와 같은지 알아봅니다.

바른답 • 알찬풀이 28쪽

4 어떤 일을 지안이는 6일 동안 전체의 $\frac{1}{5}$을 하고, 성은이는 5일 동안 전체의 $\frac{1}{9}$을 한다고 합니다. 두 사람이 하루에 하는 일의 양은 각각 일정할 때 지안이와 성은이가 함께 이 일을 하여 모두 마치려면 며칠이 걸립니까?

해결 전략 먼저 전체 일의 양을 1이라 하여 지안이와 성은이가 각각 하루 동안 할 수 있는 일의 양을 나타냅니다.

5 한 밑면의 넓이가 113.04 cm^2인 크기가 같은 음료수 캔 15개를 다음과 같이 쌓은 후 빨간색 끈으로 묶어 보관하려고 합니다. 음료수 캔 15개를 쌓아 올린 모양을 앞에서 보면 다음과 같을 때 빨간색 끈이 적어도 몇 cm 필요합니까? (단, 매듭의 길이는 생각하지 않습니다. 원주율: 3.14)

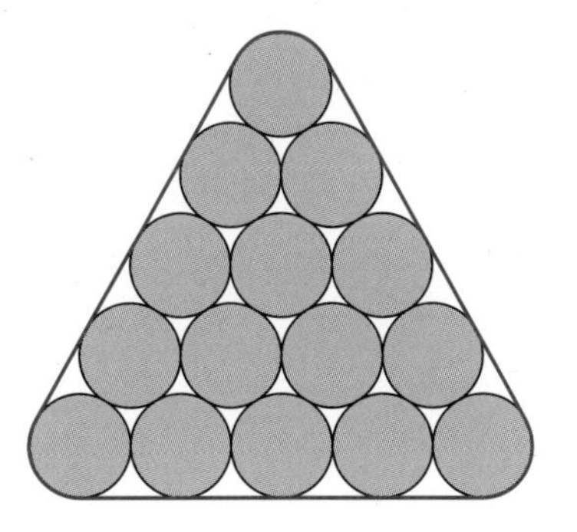

해결 전략 빨간색 끈의 길이를 직선 부분과 곡선 부분으로 나누어 알아봅니다.

6 오른쪽은 정육면체의 일부를 직육면체 모양만큼 잘라내고 남은 입체도형입니다. 이 입체도형의 겉넓이는 몇 cm^2입니까?

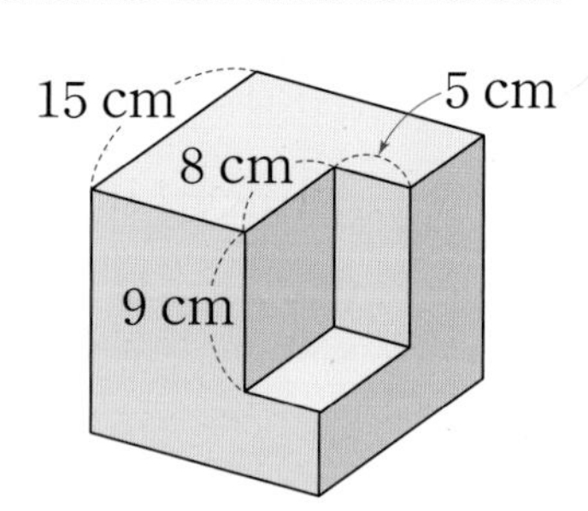

해결 전략 겉넓이의 일부를 옮겨서 정육면체 모양으로 만들어 봅니다.

7 주빈이의 시계는 하루에 $\frac{1}{4}$분씩 느려지고, 윤하의 시계는 하루에 $\frac{1}{6}$분씩 빨라집니다. 두 사람이 9월 1일 오전 10시에 각자 시계의 시각을 정확히 맞추었습니다. 두 사람의 시계가 가리키는 시각이 20분만큼 차이 나게 되는 때는 몇 월 며칠 몇 시입니까?

해결 전략 먼저 하루 동안 두 사람의 시계가 몇 분씩 차이 나는지 구합니다.

8 맞물려 돌아가는 두 톱니바퀴 ㉮와 ㉯가 있습니다. 톱니바퀴 ㉮의 톱니 수는 24개이고, 톱니바퀴 ㉯의 톱니 수는 32개입니다. 톱니바퀴 ㉮가 12바퀴 돌 때 톱니바퀴 ㉯는 몇 바퀴 돕니까?

해결 전략 (톱니바퀴 ㉮의 톱니 수) : (톱니바퀴 ㉯의 톱니 수)=(톱니바퀴 ㉯의 회전수) : (톱니바퀴 ㉮의 회전수)

바른답•알찬풀이 29쪽

9 다음은 쌓기나무로 쌓은 모양을 위에서 본 모양의 각 자리에 쌓은 쌓기나무의 수를 쓴 것입니다. 바닥에 닿는 면을 포함하여 쌓은 모양의 겉면에 모두 페인트를 칠했습니다. 정육면체 모양 쌓기나무 한 개의 한 모서리의 길이가 3 cm일 때 페인트를 칠한 면의 넓이는 모두 몇 cm^2입니까?

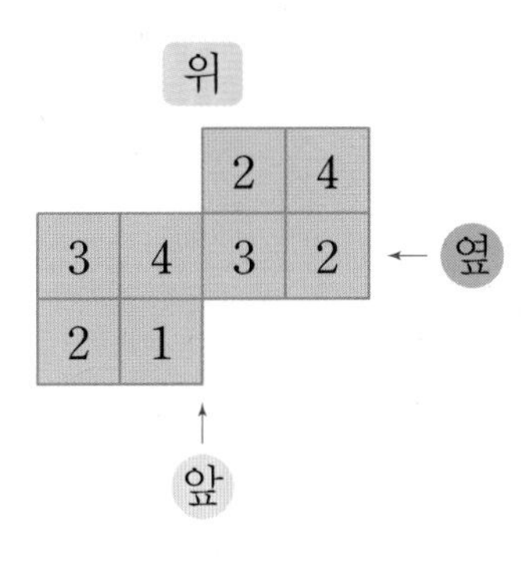

해결 전략 위, 앞, 옆에서 본 모양을 생각하여 각각 페인트를 칠한 면의 수를 구합니다.

10 다음 도형에서 원의 반지름은 모두 6 cm이고 육각형의 꼭짓점은 각각 원의 중심입니다. 색칠한 부분의 넓이의 합은 몇 cm^2입니까? (원주율: 3.1)

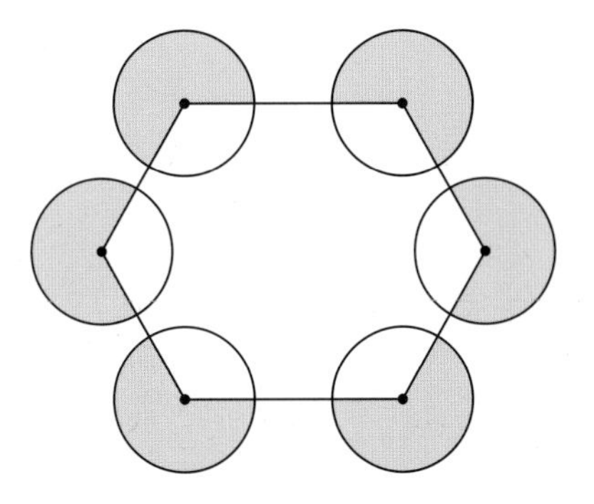

해결 전략
- 원에서 색칠하지 않은 부분의 넓이의 합이 원 몇 개의 넓이의 합과 같은지 알아봅니다.
- (색칠한 부분의 넓이의 합)=(원 6개의 넓이의 합)−(원에서 색칠하지 않은 부분의 넓이의 합)

도전, 창의사고력

바른답 • 알찬풀이 30쪽

다음은 정육면체 모양 블록 5개를 모서리가 맞닿게 붙여 만든 모형 건물입니다. 모형 건물을 위, 앞, 옆에서 본 모양을 각각 완성하고, 바닥 면을 제외한 모형 건물의 겉넓이는 몇 cm^2인지 구하시오. (단, 주어진 모눈 한 칸의 길이는 1 cm를 나타냅니다.)

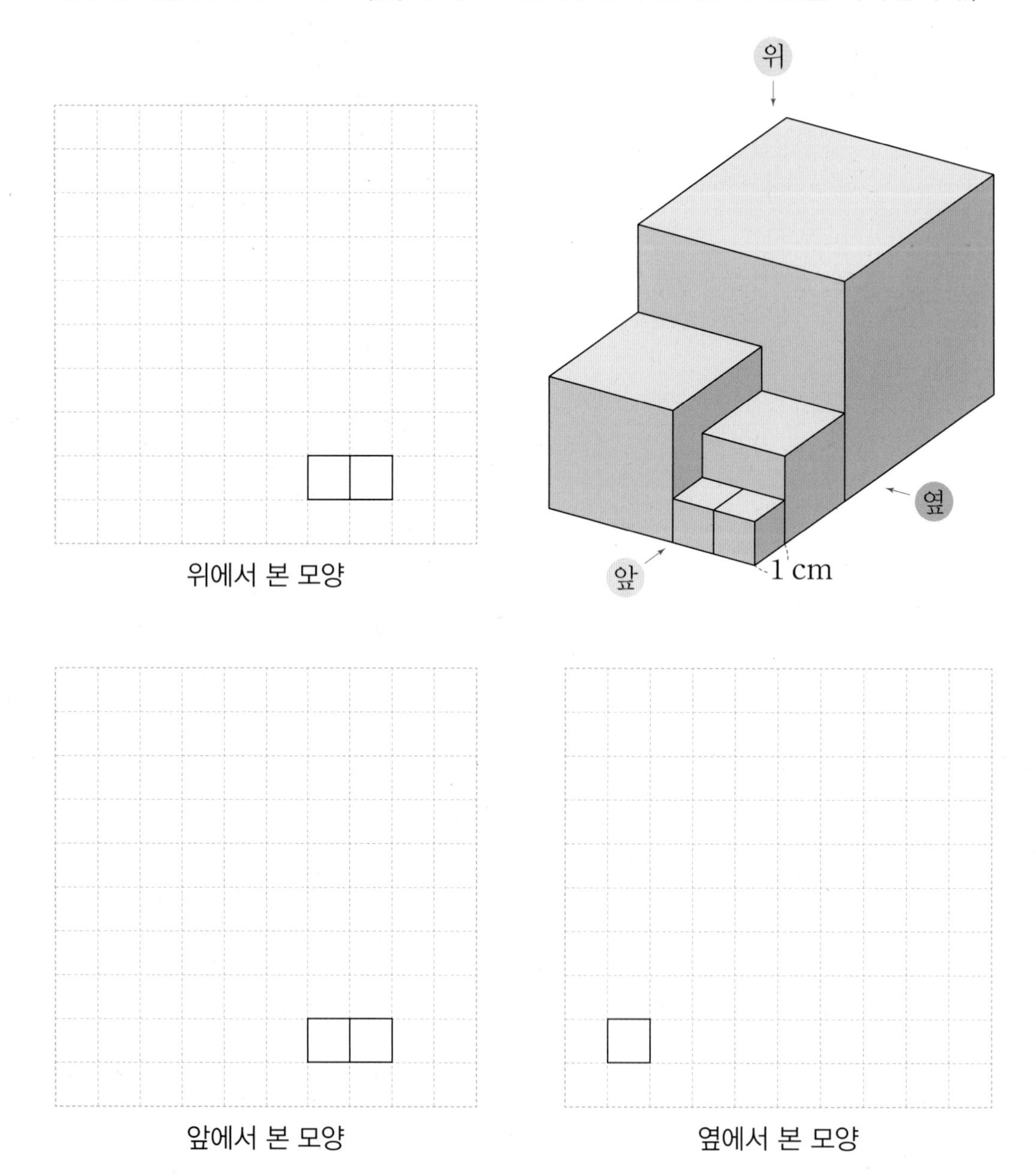

전략 이룸 60제

해결 전략 완성으로 문장제·서술형 고난도 유형 도전하기

“나의 공부 계획”

	쪽수	공부한 날	확인
1~10번	108 ~ 109쪽	월 일	
	110 ~ 111쪽	월 일	
11~20번	112 ~ 113쪽	월 일	
	114 ~ 115쪽	월 일	
21~30번	116 ~ 117쪽	월 일	
	118 ~ 119쪽	월 일	
31~40번	120 ~ 121쪽	월 일	
	122 ~ 123쪽	월 일	
41~50번	124 ~ 125쪽	월 일	
	126 ~ 127쪽	월 일	
51~60번	128 ~ 129쪽	월 일	
	130 ~ 131쪽	월 일	

전략 이름 60제

바른답 • 알찬풀이 31쪽

그림을 그려 해결하기

1 옆면의 모양이 모두 오른쪽과 같고, 옆면이 4개인 각뿔이 있습니다. 이 각뿔의 모든 모서리의 길이의 합은 몇 cm입니까?

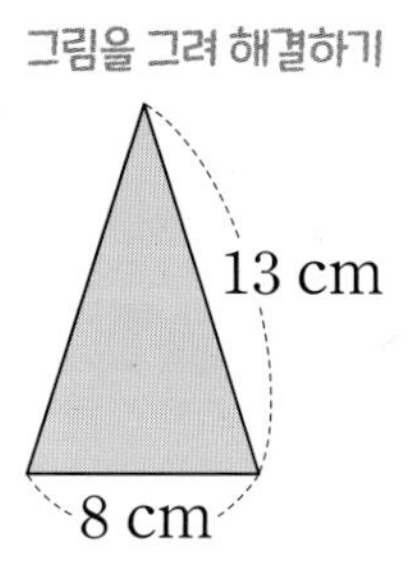

거꾸로 풀어 해결하기

2 오른쪽 삼각형의 넓이가 $2\frac{3}{5}$ cm^2일 때 이 삼각형의 높이는 몇 cm인지 기약분수로 나타내시오.

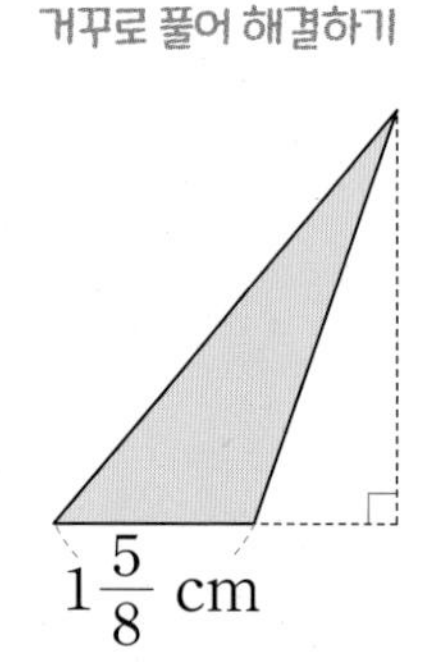

식을 만들어 해결하기

3 은정이가 지름이 0.5 m인 굴렁쇠를 굴려서 집에서 학교까지의 거리를 재어 보려고 합니다. 집에서 학교까지 가는 데 굴렁쇠가 360바퀴 굴렀다면 집에서 학교까지의 거리는 몇 m입니까? (원주율: 3.1)

거꾸로 풀어 해결하기

4 도영이네 학교 6학년 학생들이 좋아하는 운동을 조사하여 나타낸 띠그래프입니다. 축구를 좋아하는 학생이 42명일 때 6학년 전체 학생은 몇 명입니까?

좋아하는 운동별 학생 수

0 10 20 30 40 50 60 70 80 90 100 (%)

야구	축구	농구	탁구

조건을 따져 해결하기

5 다음은 쌓기나무로 쌓은 모양을 위에서 본 모양의 각 자리에 쌓은 쌓기나무의 수를 쓴 것입니다. 쌓은 모양에서 2층에 쌓은 쌓기나무는 모두 몇 개입니까?

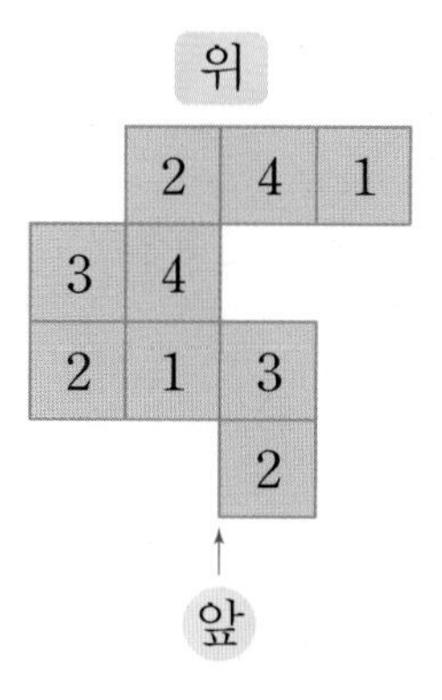

바른답 • 알찬풀이 31쪽

조건을 따져 해결하기

6 가 도서관과 나 도서관에 있는 책의 종류를 각각 조사하여 나타낸 띠그래프입니다. 나 도서관에 있는 동화책이 가 도서관에 있는 동화책보다 13권 더 적습니다. 나 도서관에 있는 책 중 동화책 수의 백분율은 몇 %입니까?

책의 종류별 수

가 도서관 (전체 640권)	위인전 (20 %)	동화책 (25 %)	만화책 (15 %)	역사책 (40 %)
나 도서관 (전체 700권)	위인전 (25 %)	동화책	만화책	역사책 (34 %)

단순화하여 해결하기

7 직육면체 모양의 수조에 물이 들어 있습니다. 이 수조에 한 모서리의 길이가 8 cm인 정육면체 모양의 블록을 물에 잠기게 넣으면 물의 높이는 몇 cm가 됩니까? (단, 수조의 두께는 생각하지 않습니다.)

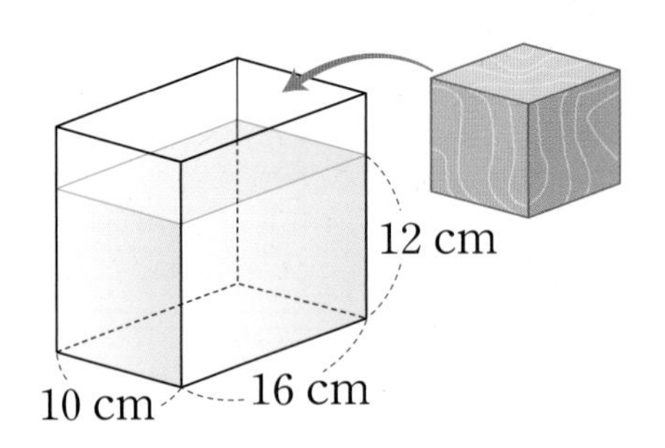

식을 만들어 해결하기

8 보기 와 같이 ♥를 약속할 때 $\frac{5}{6}$♥$\frac{3}{8}$의 값을 기약분수로 나타내시오.

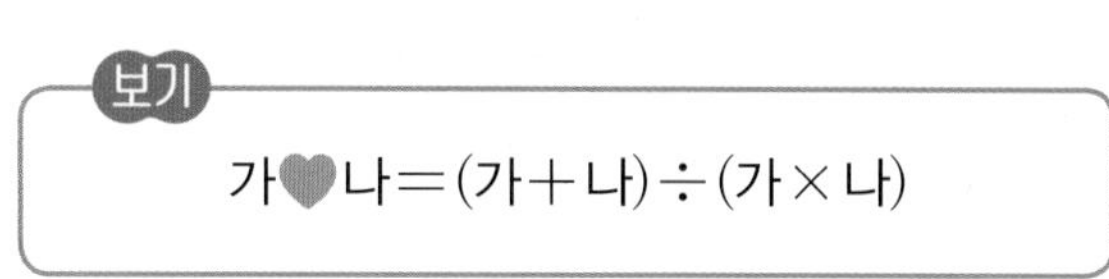
보기
가♥나=(가+나)÷(가×나)

식을 만들어 해결하기

9 다음 원기둥의 전개도에서 옆면의 넓이는 376.8 cm^2입니다. 이 전개도의 둘레는 몇 cm입니까? (원주율: 3.14)

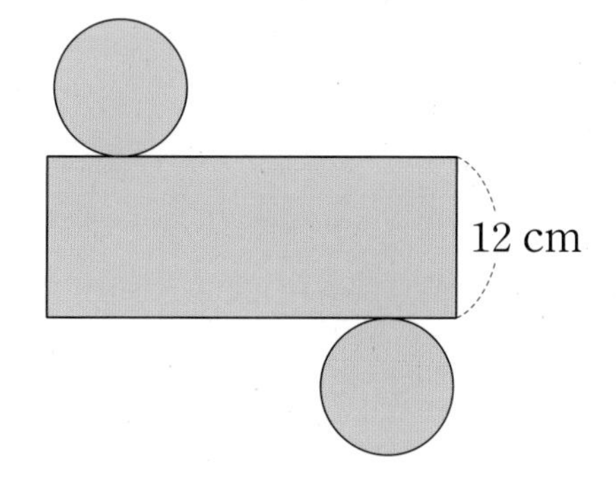

거꾸로 풀어 해결하기

10 $\frac{10}{11}$의 분모와 분자에서 각각 어떤 수를 뺀 후 $5\frac{5}{8}$를 곱하였더니 $4\frac{1}{2}$이 되었습니다. 어떤 수는 얼마입니까?

바른답 • 알찬풀이 32쪽

단순화하여 해결하기

11 오른쪽 정사각형 ㄱㄴㄷㄹ을 합동인 정사각형 25개로 나누었습니다. 색칠한 부분의 넓이가 $2\frac{1}{3}$ cm²일 때 정사각형 ㄱㄴㄷㄹ의 넓이는 몇 cm²입니까?

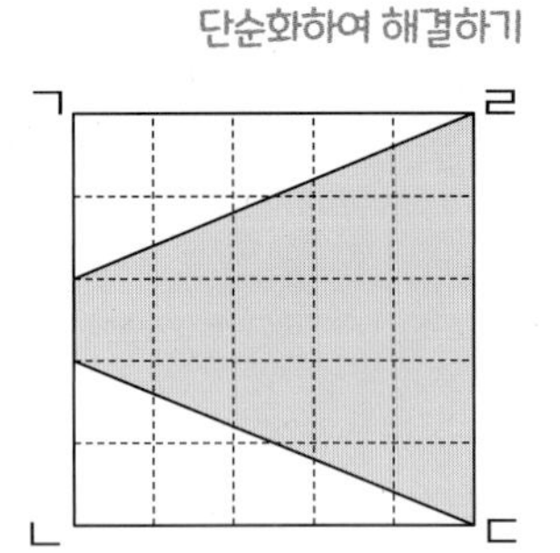

조건을 따져 해결하기

12 다음은 표준 몸무게를 계산하는 방법과 경도 비만 몸무게의 범위를 구하는 방법입니다. 키가 150 cm인 사람의 경도 비만 몸무게의 범위를 구하시오.

- 키가 ■ cm인 사람의 표준 몸무게: $((■-100)\div1\frac{1}{9})$ kg
- 경도 비만 몸무게의 범위: 표준 몸무게의 120 % 이상 130 % 미만

거꾸로 풀어 해결하기

13

오른쪽은 지수네 학교 6학년 학생들이 좋아하는 과일을 조사하여 나타낸 원그래프입니다. 딸기를 좋아하는 학생이 66명일 때 복숭아를 좋아하는 학생은 몇 명입니까?

좋아하는 과일별 학생 수

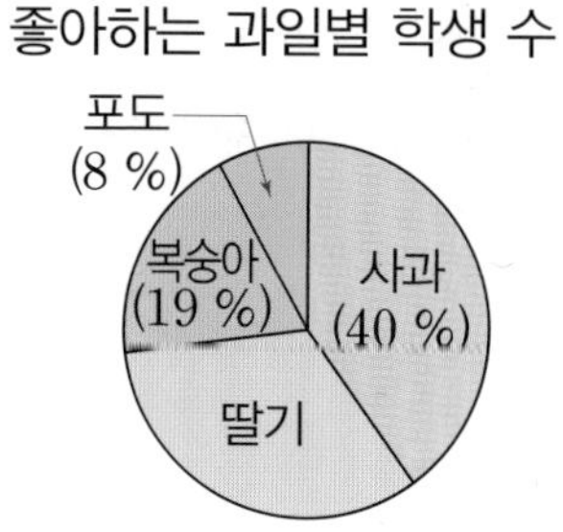

식을 만들어 해결하기

14

밑면의 모양이 같은 각기둥과 각뿔이 있습니다. 각기둥의 모서리 수와 각뿔의 모서리 수의 합이 40개일 때 각뿔의 밑면의 변의 수는 몇 개입니까?

거꾸로 풀어 해결하기

15

어떤 수를 0.9로 나누었을 때의 몫을 소수 첫째 자리까지 구하였더니 83.4이고, 나머지는 0.017이었습니다. 어떤 수를 12.3으로 나누었을 때의 몫을 반올림하여 소수 셋째 자리까지 나타내시오.

바른답 • 알찬풀이 32쪽

단순화하여 해결하기

16 다음 입체도형은 직육면체에서 직육면체 모양만큼 잘라내고 남은 것입니다. 이 입체도형의 부피는 몇 cm^3입니까?

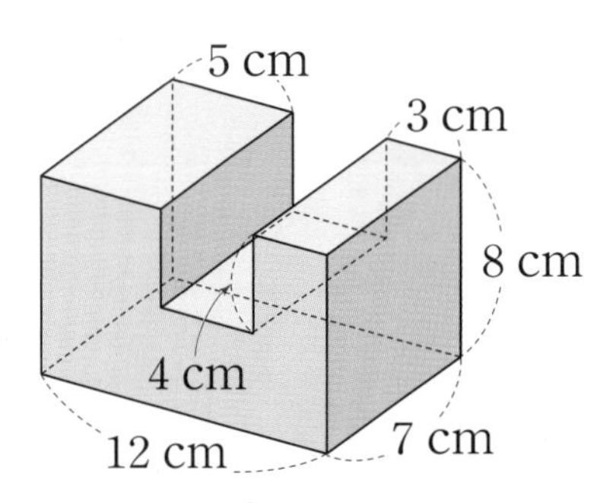

조건을 따져 해결하기

17 크기가 같은 정육면체 모양 쌓기나무 24개를 오른쪽과 같이 직육면체 모양으로 쌓고 바닥에 닿는 면을 포함하여 겉면을 모두 색칠하였습니다. 쌓기나무를 모두 떼어 놓았을 때 색칠된 면의 넓이의 합은 $260\ cm^2$입니다. 색칠되지 않은 면의 넓이의 합은 몇 cm^2입니까?

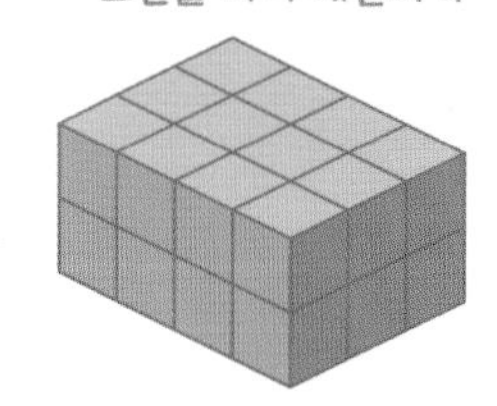

식을 만들어 해결하기

18 길이가 0.28 km인 직선 도로의 양쪽에 1.6 m 간격으로 처음부터 끝까지 가로등을 세우려고 합니다. 도로의 처음과 끝에도 가로등을 세운다면 필요한 가로등은 모두 몇 개입니까? (단, 가로등의 굵기는 생각하지 않습니다.)

그림을 그려 해결하기

19 다음 원뿔과 원기둥을 앞에서 본 모양의 넓이가 같을 때 □ 안에 알맞은 수를 구하시오.

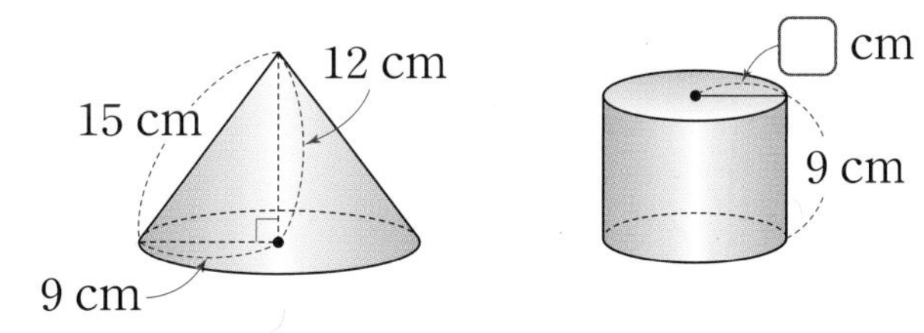

단순화하여 해결하기

20 똑같은 책 한 권을 읽는 데 동훈이는 40일이 걸렸고, 서진이는 56일이 걸렸습니다. 동훈이와 서진이가 하루에 읽은 책의 양을 간단한 자연수의 비로 나타내시오. (단, 동훈이와 서진이가 하루에 읽는 양은 각각 일정합니다.)

바른답 • 알찬풀이 34쪽

단순화하여 해결하기

21 지안이는 1분에 70 m씩 걷고, 동진이는 1분에 90 m씩 걷습니다. 두 사람이 2.96 km 떨어진 지점에서 동시에 출발하여 서로를 향하여 일직선을 따라 걷는다면 두 사람은 출발한 지 몇 분 몇 초 후에 만나게 됩니까?

거꾸로 풀어 해결하기

22 장난감 가게에서 곰인형의 원가에 25 %의 이익을 붙여 정가를 정했습니다. 그런데 팔리지 않아서 정가에서 3500원을 할인하여 34000원에 판매하였습니다. 이 곰인형의 원가는 얼마입니까?

조건을 따져 해결하기

23 아영이네 반 학생들이 좋아하는 계절을 조사하여 나타낸 원그래프입니다. 여름을 좋아하는 학생은 겨울을 좋아하는 학생의 2배입니다. 이 원그래프를 전체 길이가 30 cm인 띠그래프로 나타낸다면 여름이 차지하는 길이는 몇 cm인지 소수로 나타내시오.

좋아하는 계절별 학생 수

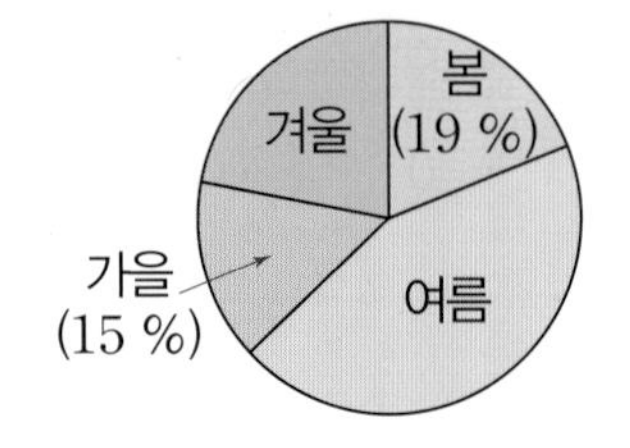

예상과 확인으로 해결하기

24 윤아가 다음과 같이 정해진 비에 따라 넓이가 216 cm^2인 태극기를 그렸습니다. 윤아가 그린 태극기에서 태극의 넓이는 몇 cm^2입니까? (단, 가로와 세로는 각각 자연수입니다. 원주율: 3.14)

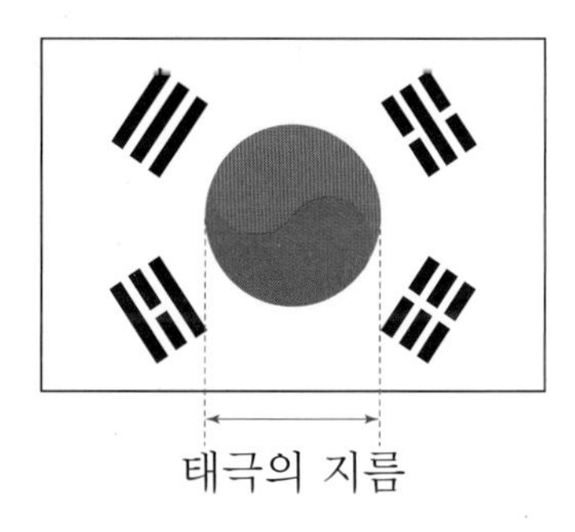

- (가로) : (세로)=3 : 2
- (세로) : (태극의 지름)=2 : 1

조건을 따져 해결하기

25 다음 나눗셈의 몫을 반올림하여 일의 자리까지 나타내면 7입니다. ★에 알맞은 수를 모두 구하시오.

★.24÷1.5

바른답 • 알찬풀이 34쪽

조건을 따져 해결하기

26 두 식을 모두 만족하는 ▲를 구하여 ▲÷5의 몫을 구하시오.

■+▲=54.8　　■÷▲=7

예상과 확인으로 해결하기

27 어떤 정육면체의 각 모서리의 길이를 똑같이 몇 배로 늘였더니 부피가 처음 부피의 64배가 되었습니다. 처음 정육면체의 각 모서리의 길이를 몇 배로 늘였습니까?

규칙을 찾아 해결하기

28 5장의 수 카드 중에서 4장을 골라 한 번씩 사용하여 다음 나눗셈식을 만들려고 합니다. 만든 나눗셈식의 몫이 가장 작을 때 몫의 소수 50째 자리 숫자를 구하시오.

2　3　4　6　7 ➡ □□.□÷□

조건을 따져 해결하기

29 ♣와 ■가 자연수일 때 다음 식을 만족하는 (♣, ■)는 모두 몇 가지입니까? (단, $\frac{♣}{4}$는 자연수로 나타낼 수 없습니다.)

$$15 \div \frac{♣}{4} = ■$$

규칙을 찾아 해결하기

30 다음과 같이 직육면체를 일정한 규칙에 따라 그렸습니다. 8번째에 그린 직육면체의 부피는 몇 cm^3입니까?

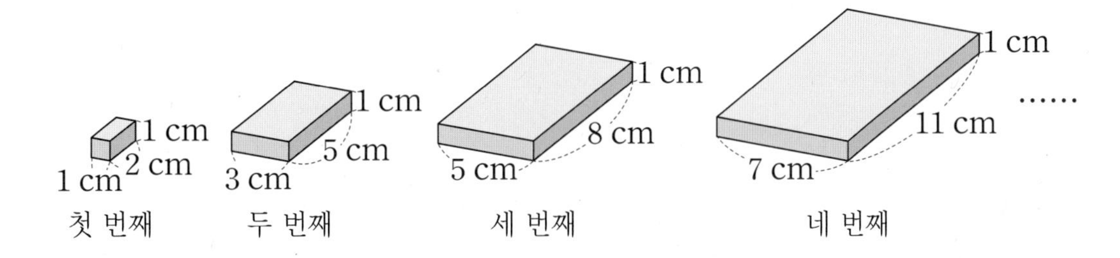

식을 만들어 해결하기

31 오른쪽과 같이 정사각형을 똑같은 크기의 직사각형 5개로 나누었습니다. 가장 작은 직사각형 한 개의 둘레가 $3\frac{9}{10}$ cm일 때 정사각형의 넓이는 몇 cm^2입니까?

식을 만들어 해결하기

32 한 변의 길이가 80 cm인 정사각형 모양의 도화지에 가로, 세로, 높이가 각각 22 cm, 18 cm, 15 cm인 직육면체의 전개도를 그려서 오려냈습니다. 오려내고 남은 도화지의 넓이는 몇 cm^2입니까?

예상과 확인으로 해결하기

33 오른쪽은 겉넓이가 468 cm^2인 직육면체입니다. 빗금 친 면의 넓이가 54 cm^2일 때 □ 안에 알맞은 수를 구하시오.

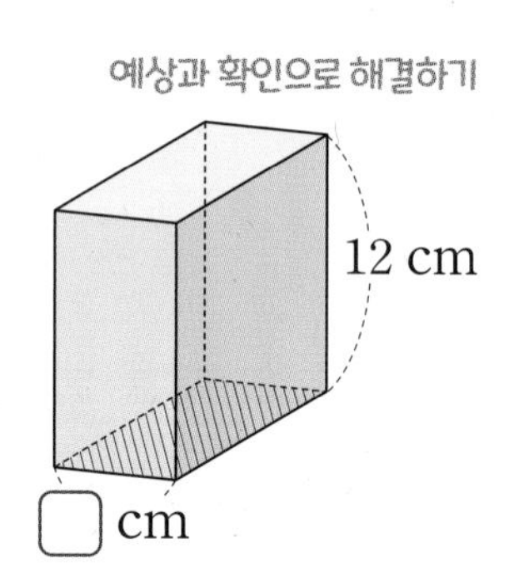

단순화하여 해결하기

34 직육면체 모양의 상자에 다음과 같이 리본을 두르려고 합니다. 필요한 리본의 길이는 적어도 몇 m 몇 cm입니까?

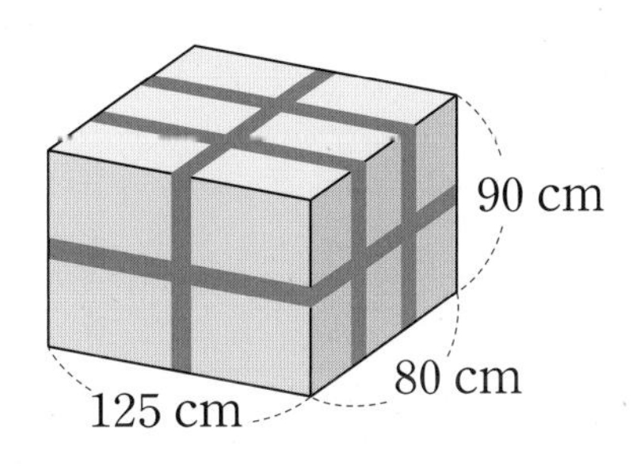

조건을 따져 해결하기

35 준현이네 반 학생들의 취미를 조사하여 전체 길이가 40 cm인 띠그래프에 나타낸 것입니다. 취미가 독서인 학생 수는 취미가 운동인 학생 수의 1.75배이고, 취미가 여행인 학생 수와 게임인 학생 수의 비가 3 : 2일 때 취미가 게임인 학생은 전체의 몇 %입니까?

취미별 학생 수

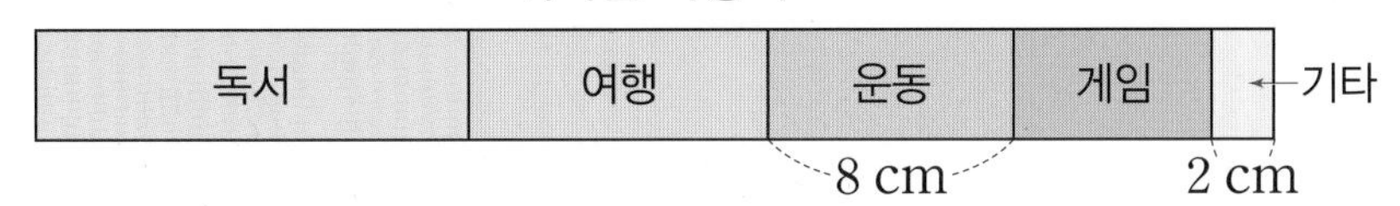

바른답 • 알찬풀이 35쪽

조건을 따져 해결하기

36 다음 조건에 알맞은 세 상자 ㉮, ㉯, ㉰의 무게의 합은 몇 kg인지 기약분수로 나타내시오.

- ㉯의 무게는 ㉮의 무게의 $\frac{5}{6}$입니다.
- ㉮의 무게는 ㉰의 무게의 $\frac{5}{7}$입니다.
- ㉯의 무게는 32.5 kg보다 $1\frac{1}{4}$ kg 더 가볍습니다.

단순화하여 해결하기

37 직육면체 모양의 수조에 물을 가득 채운 후 수조를 기울였더니 다음과 같이 물이 넘쳤습니다. 넘친 물의 부피는 몇 cm^3입니까? (단, 수조의 두께는 생각하지 않습니다.)

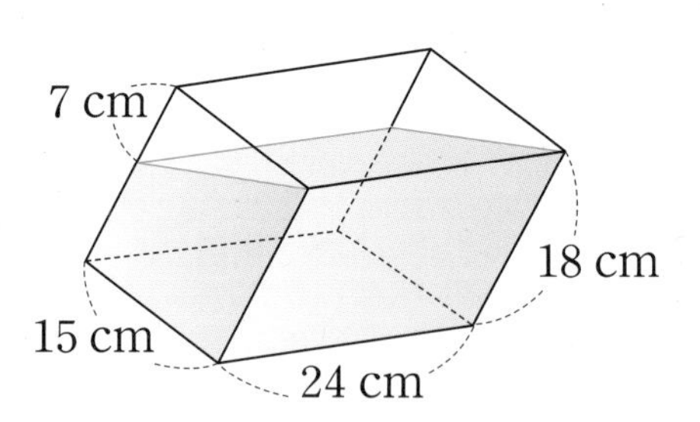

거꾸로 풀어 해결하기

38 지아는 가지고 있던 리본의 $\frac{4}{7}$를 민우에게 주고, 남은 리본의 $\frac{8}{9}$을 사용하여 선물을 포장하였습니다. 선물을 포장하고 남은 리본이 $\frac{3}{5}$ m라면 지아가 처음에 가지고 있던 리본의 길이는 몇 m입니까?

조건을 따져 해결하기

39 다음과 같이 평행한 두 직선 사이에 있는 삼각형과 사다리꼴의 넓이의 비가 4 : 7입니다. ㉠의 길이는 몇 cm입니까?

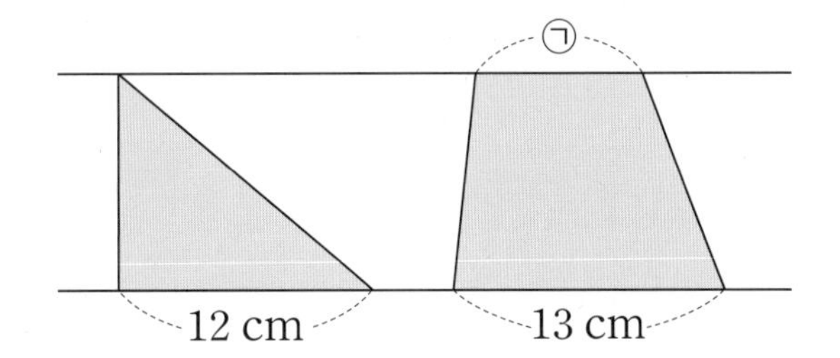

식을 만들어 해결하기

40 상품 ㉮의 원가에 10 %의 이익을 붙인 금액과 상품 ㉯의 원가에 25 %의 이익을 붙인 금액이 같다고 합니다. 상품 ㉯의 원가가 6600원일 때 상품 ㉮의 원가는 얼마입니까?

바른답 • 알찬풀이 37쪽

식을 만들어 해결하기

41 ㉮ 자동차는 연료 1 L로 14 km를 갈 수 있고, ㉯ 자동차는 연료 1 L로 22.4 km를 갈 수 있습니다. ㉮ 자동차로 763 km를 가는 데 필요한 연료의 반만큼으로 ㉯ 자동차가 갈 수 있는 거리는 몇 km입니까?

거꾸로 풀어 해결하기

42 다음 직사각형의 가로를 20 % 늘이고, 세로를 몇 % 줄여 새로운 직사각형을 그렸습니다. 새로 그린 직사각형의 넓이가 777.6 cm^2일 때 새로 그린 직사각형의 세로는 처음 직사각형의 세로에서 몇 %만큼 줄어들었습니까?

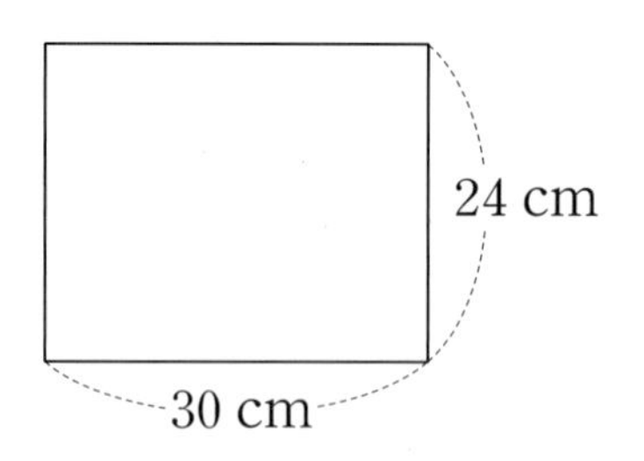

문제풀이 동영상

식을 만들어 해결하기

43 오른쪽 삼각형 ㄱㄴㄷ에서 선분 ㄴㄹ과 선분 ㄹㅁ의 길이의 비는 4 : 3이고, 선분 ㄹㅁ과 선분 ㅁㄷ의 길이의 비는 3 : 5입니다. 삼각형 ㄱㄴㄷ의 넓이가 72 cm^2일 때 색칠한 삼각형의 넓이는 몇 cm^2입니까?

ㄱ
ㄴ ㄹ ㅁ ㄷ

그림을 그려 해결하기

44 밑면의 반지름이 50 cm인 원기둥이 있습니다. 이 원기둥의 전개도에서 옆면이 정사각형일 때 원기둥의 전개도의 둘레는 몇 cm입니까? (원주율: 3.14)

식을 만들어 해결하기

45 호진이와 성은이가 가지고 있는 초콜릿 수의 비는 10 : 7입니다. 호진이가 성은이보다 초콜릿을 63개 더 가지고 있다면 성은이가 가지고 있는 초콜릿은 몇 개입니까?

바른답 • 알찬풀이 37쪽

식을 만들어 해결하기

46 시계의 긴바늘이 한 바퀴 돌 때 짧은바늘은 숫자 눈금 한 칸 만큼 움직입니다. 5분 동안 짧은바늘은 몇 도 움직이는지 소수로 나타내시오.

단순화하여 해결하기

47 오른쪽은 삼각형 ㄱㄴㄷ의 각 변을 지름으로 하는 반원을 그린 것입니다. 색칠한 부분의 넓이는 몇 cm^2입니까? (원주율: 3)

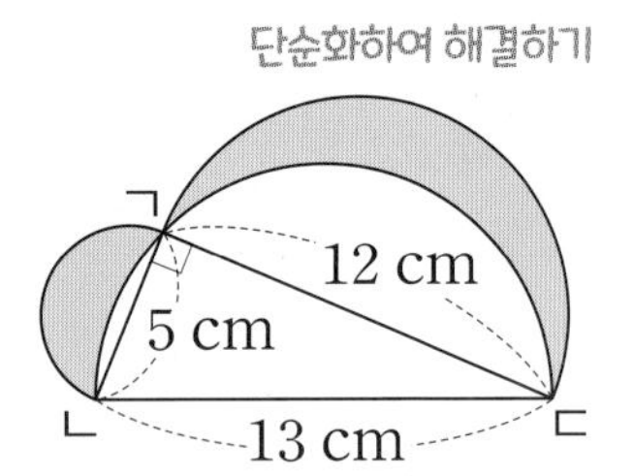

예상과 확인으로 해결하기

48 무게가 5 g인 파란색 구슬 몇 개와 무게가 4.5 g인 흰색 구슬 몇 개가 있습니다 흰색 구슬보다 파란색 구슬이 더 많고, 파란색 구슬과 흰색 구슬의 무게의 합이 96 g일 때 파란색 구슬은 몇 개입니까?

규칙을 찾아 해결하기

49 일정한 규칙에 따라 쌓기나무를 쌓고 있습니다. 10번째 모양을 만드는 데 필요한 쌓기나무는 몇 개입니까?

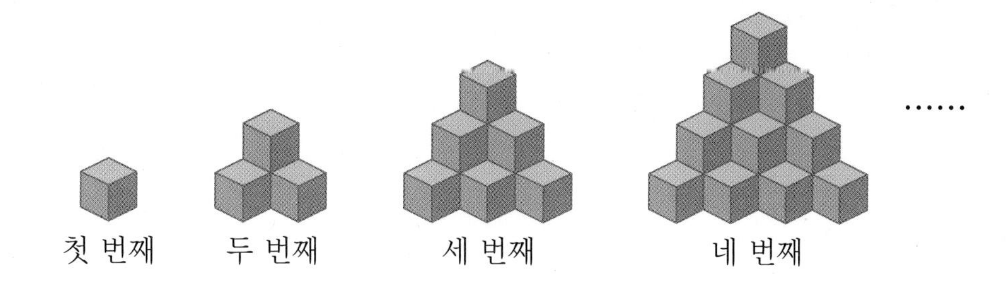

조건을 따져 해결하기

50 위, 앞, 옆에서 본 모양이 각각 다음과 같도록 쌓기나무를 쌓으려고 합니다. 쌓은 쌓기나무의 수가 가장 많은 경우의 쌓기나무 수는 몇 개입니까?

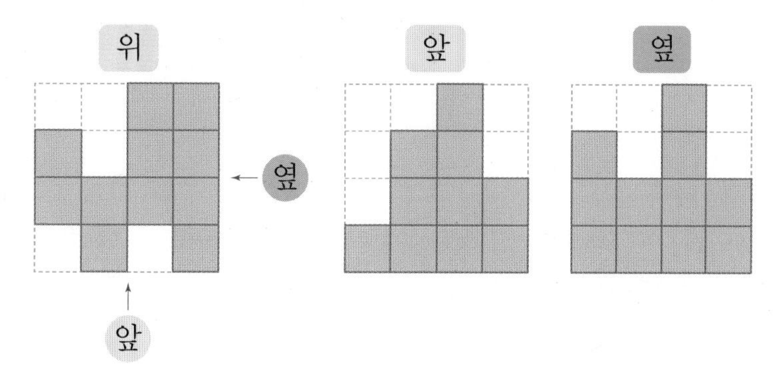

바른답 • 알찬풀이 39쪽

그림을 그려 해결하기

51 오른쪽과 같이 지름이 3 cm인 원이 한 변의 길이가 15 cm인 정삼각형의 둘레를 돌고 있습니다. 원이 지나가는 자리의 넓이는 몇 cm^2입니까? (원주율: 3.14)

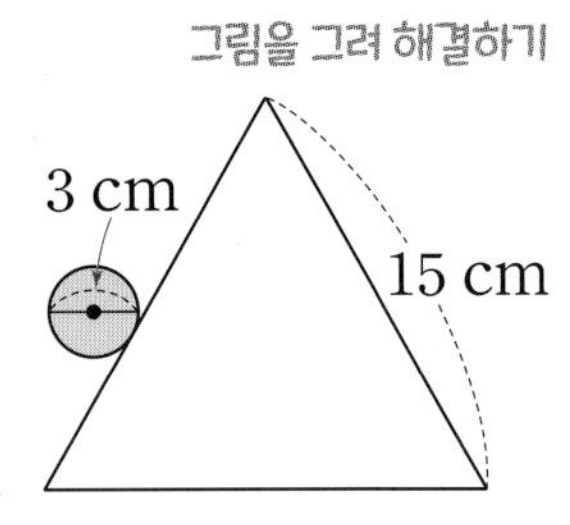

단순화하여 해결하기

52 반지름이 6 cm인 원 두 개를 오른쪽과 같이 겹쳐서 그렸습니다. 색칠한 부분의 넓이는 몇 cm^2입니까? (원주율: 3.1)

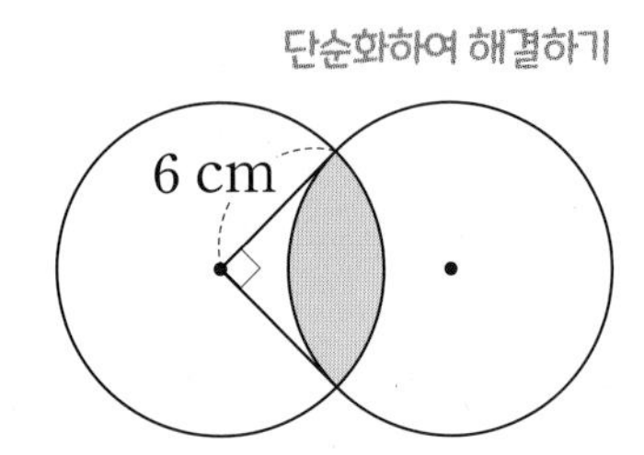

그림을 그려 해결하기

53 선분 ㄱㄴ을 5 : 3으로 나눈 곳을 점 ㄷ으로 표시하고, 5 : 7로 나눈 곳을 점 ㄹ로 표시할 때 선분 ㄷㄹ의 길이는 5.5 cm입니다. 선분 ㄱㄴ의 길이는 몇 cm인지 소수로 나타내시오.

ㄱ ㄴ

단순화하여 해결하기

54 다음 도형에서 색칠한 부분의 넓이는 몇 cm^2입니까? (원주율 : 3.14)

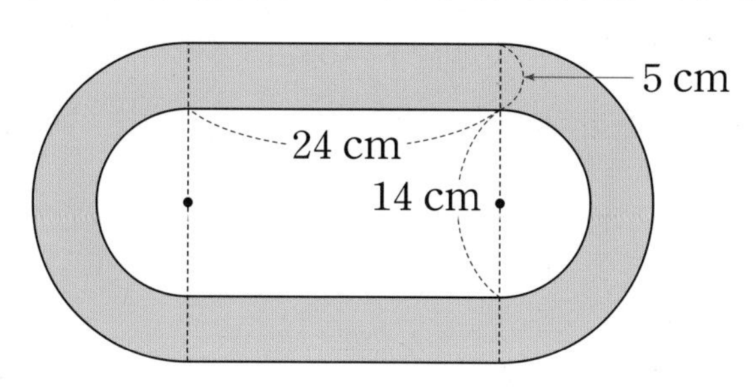

거꾸로 풀어 해결하기

55 떨어뜨린 높이의 0.8만큼 튀어 오르는 공이 있습니다. 이 공을 다음과 같이 계단에 떨어뜨렸습니다. 세 번째로 튀어 오른 높이가 75.84 cm일 때 □ 안에 알맞은 수를 구하시오.

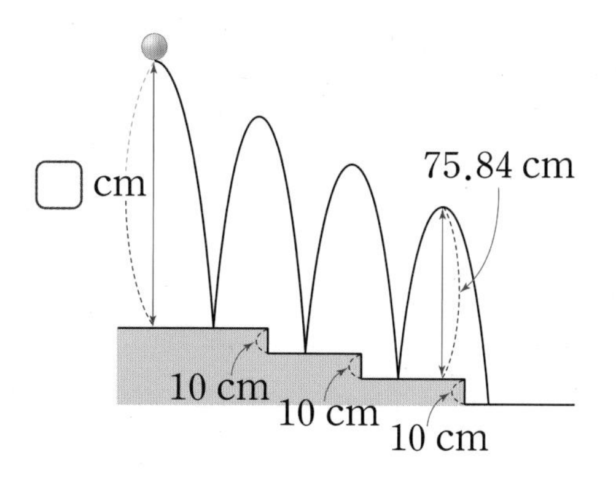

바른답 • 알찬풀이 39쪽

그림을 그려 해결하기

56 오른쪽은 한 변의 길이가 7 cm인 정사각형을 밑면으로 하고, 높이가 20 cm인 사각기둥입니다. 꼭짓점 ㉮에서 꼭짓점 ㉯까지 각기둥의 옆면을 모두 지나는 가장 짧은 선분을 그었을 때 선분 ㄱㄴ의 길이는 몇 cm입니까?

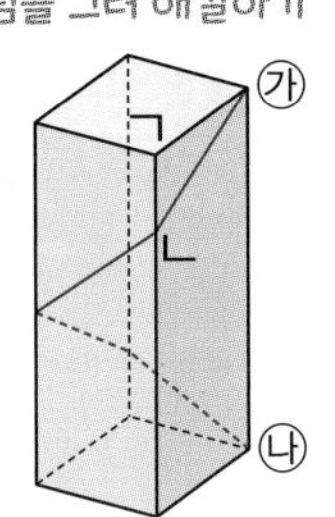

조건을 따져 해결하기

57 오른쪽과 같이 직육면체 모양의 수조에 22 L의 물이 들어 있습니다. 이 수조에 똑같은 크기의 쇠구슬 25개를 넣었더니 0.6 L만큼 물이 넘쳤습니다. 쇠구슬 한 개의 부피는 몇 cm^3입니까?

(단, $1000\ cm^3 = 1000\ mL = 1\ L$입니다.)

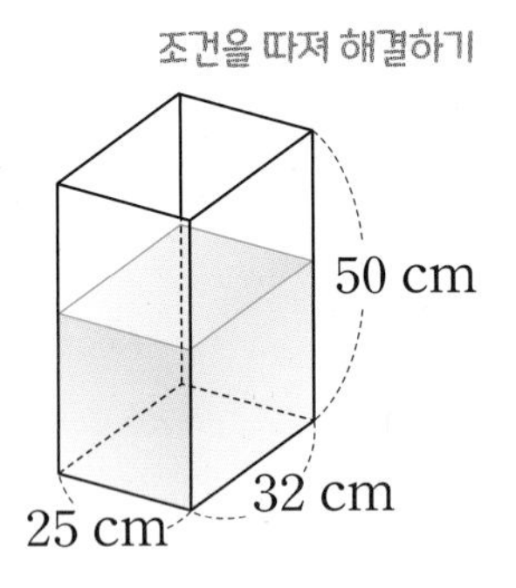

규칙을 찾아 해결하기

58 다음 조건에 알맞은 분수들의 합을 구하시오.

- 1보다 크고 10보다 작습니다.
- 분모가 9이고, 약분이 됩니다.

단순화하여 해결하기

59

은수가 ㉮에서 ㉰까지 가장 가까운 길로 걸어가려고 합니다. ㉮에서 ㉰까지 가는 길의 경우의 수와 ㉮에서 ㉯를 지나서 ㉰까지 가는 길의 경우의 수의 비를 간단한 자연수의 비로 나타내시오.

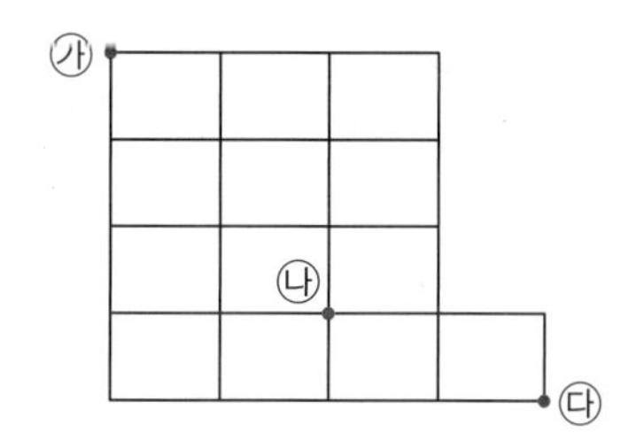

식을 만들어 해결하기

60

길이가 다른 3개의 막대 ㉮, ㉯, ㉰를 깊이가 일정한 연못의 바닥에 수직으로 세웠습니다. ㉮는 전체의 $\frac{3}{4}$만큼 물에 잠겼고, ㉯는 전체의 $\frac{5}{6}$만큼 물에 잠겼습니다. ㉮의 길이와 ㉰의 길이의 합은 180 cm이고, ㉯의 길이와 ㉰의 길이의 합은 169 cm일 때 연못의 깊이는 몇 cm인지 소수로 나타내시오. (단, 막대의 부피는 생각하지 않습니다.)

Memo

미래엔 초등 도서 목록

초등 교과서 발행사 미래엔의 교재로 초등 시기에 길러야 하는 공부력을 강화해 주세요.

초등 공부의 핵심[CORE]를 탄탄하게 해 주는
슬림 & 심플한 교과 필수 학습서
[8책] 국어 3~6학년 학기별, [12책] 수학 1~6학년 학기별
[8책] 사회 3~6학년 학기별, [8책] 과학 3~6학년 학기별

문제 해결의 길잡이

원리 8가지 문제 해결 전략으로 문장제와 서술형 문제 정복
[12책] 1~6학년 학기별

심화 문장제 유형 정복으로 초등 수학 최고 수준에 도전
[6책] 1~6학년 학년별

초등 필수 어휘를 퍼즐로 재미있게 키우는 학습서
[3책] 사자성어, 속담, 맞춤법

하루한장 예비 초등

한글완성
초등학교 입학 전 한글 읽기·쓰기 동시에 끝내기
[3책] 1. 기본 자모음, 2. 받침, 3. 복잡한 자모음

예비초등
기본 학습 능력을 향상하며 초등학교 입학을 준비하기
[4책] 국어, 수학, 통합교과, 학교생활

하루한장 독해

독해 시작편
초등학교 입학 전 기본 문해력 익히기 30일 완성
[2책] 문장으로 시작하기, 짧은 글 독해하기

어휘
문해력의 기초를 다지는 초등 필수 어휘 학습서
[6책] 1~6단계

독해
국어 교과서와 연계하여 문해력의 기초를 다지는 독해 기본서
[6책] 1~6단계

독해+플러스
본격적인 독해 훈련으로 문해력을 향상시키는 독해 실전서
[6책] 1~6단계

비문학 독해 (사회편·과학편)
비문학 독해로 배경지식을 확장하고 문해력을 완성시키는
독해 심화서
[사회편 6책, 과학편 6책] 1~6단계

상위권
수학 학습서
Steady Seller

수학 상위권 향상을 위한 문장제 해결력 완성

문제 해결의 길잡이

심화

수학 6학년

바른답·알찬풀이

Mirae N 에듀

식을 만들어 해결하기

익히기 10~15쪽

1 분수의 나눗셈

문제분석 4 km를 가는 데 걸리는 시간은 몇 분 몇 초
21, 35

해결전략 (나눗셈식)/(곱셈식)

풀이 ❶ 60, 35, 7 / 7, 259, 7, $\frac{37}{12}$ 또는 $3\frac{1}{12}$

❷ $\frac{37}{12}$ 또는 $3\frac{1}{12}$, 12, 1, 12, 20

답 12, 20

(참고) $12\frac{1}{3}$분$=12\frac{20}{60}$분 ➡ 12분 20초

2 소수의 나눗셈

이 양초가 모두 타는 데 걸리는 시간은 몇 시간 몇 분
27.3 / 1.12

8

❶ (1분 동안 타는 양초의 길이)
=(8분 동안 타는 양초의 길이)÷8
=1.12÷8=0.14 (cm)

❷ (양초가 모두 타는 데 걸리는 시간)
=(전체 양초의 길이)
÷(1분 동안 타는 양초의 길이)
=27.3÷0.14=195(분)

1시간=60분이므로 양초가 모두 타는 데 걸리는 시간은
195분=60분+60분+60분+15분
=3시간 15분입니다.

답 3시간 15분

3 비와 비율

문제분석 판매할 수 있는 청소기는 몇 대
2.4 / 750

100 / 기준량

❶ 100, 0.024
❷ 750, 0.024, 18
❸ 750, 18, 732

답 732

제품의 불량률이 전체의 2.4 %이므로
판매할 수 있는 제품은 전체의
100−2.4=97.6 (%) ➡ 0.976입니다.
따라서 이번 달에 생산한 청소기 중 판매할 수 있는 청소기는 750×0.976=732(대)입니다.

4 비와 비율

판매할 수 있는 컵은 몇 개
162 / 9 / 180

풀이

❶ (불량률)$=\frac{\text{(지난 주에 나온 불량품 수)}}{\text{(지난 주에 생산한 컵 수)}}$
$=\frac{9}{162}=\frac{1}{18}$

❷ (이번 주에 나온 불량품 수)
=(이번 주에 생산한 컵 수)×(불량률)
$=\overset{10}{\cancel{180}}\times\frac{1}{\underset{1}{\cancel{18}}}=10$(개)

❸ (판매할 수 있는 컵 수)
=(이번 주에 생산한 컵 수)
−(이번 주에 나온 불량품 수)
=180−10=170(개)

답 170개

5 직육면체의 부피와 겉넓이

직육면체의 겉넓이는 몇 cm^2
792 / 9

높이 / 2

풀이 ❶ 부피 / 792, 9, 8
❷ 2 / 8, 8, 2 / 518

답 518

6 직육면체의 부피와 겉넓이

문제분석 정육면체의 겉넓이는 몇 cm^2
125

해결전략 한 모서리의 길이, 한 모서리의 길이 / 6 / 6

풀이
❶ (정육면체의 부피)
=(한 모서리의 길이)×(한 모서리의 길이)
×(한 모서리의 길이)=125 (cm^3)
이고 5×5×5=125이므로
이 정육면체의 한 모서리의 길이는 5 cm입니다.
❷ (정육면체의 겉넓이)
=(한 면의 넓이)×6
=5×5×6=150 (cm^2)

답 150 cm^2

적용하기 16~19쪽

1 비와 비율

25 %를 소수로 나타내면 0.25이므로
현주네 가족이 식료품을 구입하는 데 사용한 금액은 192만×0.25=48만(원)입니다.

답 48만 원

2 각기둥과 각뿔

색칠한 면을 따라 자르면 오각기둥과 삼각기둥이 생깁니다.
(오각기둥의 꼭짓점의 수)
=(한 밑면의 변의 수)×2
=5×2=10(개)
(삼각기둥의 꼭짓점의 수)
=(한 밑면의 변의 수)×2
=3×2=6(개)
➡ 10+6=16(개)

답 16개

3 비례식과 비례배분

물의 양을 □ mL라 하여
(물의 양) : (매실원액의 양)의 비로 비례식을 세웁니다.
➡ 8 : 3=□ : 75
비례식에서 외항의 곱과 내항의 곱이 같으므로
8×75=3×□, 600=3×□,
□=600÷3=200 (mL)입니다.
➡ (매실차의 양)=(물의 양)+(매실원액의 양)
=200+75=275 (mL)

답 275 mL

4 각기둥과 각뿔

주어진 각뿔은 밑면의 변의 수가 6개이므로 육각뿔입니다.
(각뿔의 면의 수)=(밑면의 변의 수)+1이므로
육각뿔의 면의 수는 6+1=7(개)입니다.
(각기둥의 면의 수)=(한 밑면의 변의 수)+2
➡ (한 밑면의 변의 수)=(각기둥의 면의 수)−2
이므로 면이 7개인 각기둥의 한 밑면의 변의 수는 7−2=5(개)입니다.
따라서 육각뿔과 면의 수가 같은 각기둥은 한 밑면의 변의 수가 5개이므로 오각기둥입니다.

답 오각기둥

5 직육면체의 부피와 겉넓이

(정육면체의 겉넓이)
=(한 면의 넓이)×6=486 (cm^2)이므로
(한 면의 넓이)=486÷6=81 (cm^2)입니다.
정육면체의 한 모서리의 길이를 □ cm라 하면
□×□=81 (cm^2)이고 9×9=81이므로
정육면체의 한 모서리의 길이는 9 cm입니다.
만든 직육면체의 가로는 9+9=18 (cm), 세로는 9 cm, 높이는 9 cm입니다.
➡ (만든 직육면체의 부피)
=(가로)×(세로)×(높이)
=18×9×9=1458 (cm^3)

답 1458 cm^3

6
소수의 나눗셈

(가장 큰 평행사변형의 넓이)
$=2.8\times1.6=4.48$ (m^2)
합동인 28개의 평행사변형으로 나누었으므로
가장 작은 평행사변형 한 개의 넓이는
$4.48\div28=0.16$ (m^2)입니다.
색칠한 부분의 넓이는 가장 작은 평행사변형 9개의 넓이와 같으므로 $0.16\times9=1.44$ (m^2)입니다.

답 1.44 m^2

7
비와 비율

(어제 판 양말 한 켤레의 판매 가격)
$=4500\div3=1500$(원)
(오늘 판 양말 한 켤레의 판매 가격)
$=5400\div5=1080$(원)
(양말 한 켤레의 할인 금액)
$=1500-1080=420$(원)
(양말 한 켤레의 할인율)
$=\frac{\overset{28}{\cancel{420}}}{\underset{\underset{1}{\cancel{15}}}{\cancel{1500}}}\times\overset{1}{\cancel{100}}=28$ (%)

답 28 %

8
비례식과 비례배분

원 모양 조각의 넓이를 □ cm^2라 하여
(철판의 무게) : (철판의 넓이)의 비로 비례식을 세웁니다.
➡ $15:\square=3:240$, $15\times240=\square\times3$,
$\square\times3=3600$, $\square=3600\div3=1200$ (cm^2)
따라서 원 모양 조각의 넓이는 1200 cm^2입니다.

답 1200 cm^2

참고 두께가 같은 철판으로 만들었으므로 무게와 넓이는 비례합니다.

9
분수의 나눗셈

(벽의 넓이)$=4\frac{4}{9}\times5=\frac{40}{9}\times5=\frac{200}{9}$ (m^2)
(페인트 1 L로 칠할 수 있는 벽의 넓이)
=(벽의 넓이)÷(필요한 페인트 양)
$=\frac{200}{9}\div2\frac{2}{3}=\frac{200}{9}\div\frac{8}{3}$
$=\frac{\overset{25}{\cancel{200}}}{\underset{3}{\cancel{9}}}\times\frac{\overset{1}{\cancel{3}}}{\underset{1}{\cancel{8}}}=\frac{25}{3}$ (m^2)
➡ (페인트 6 L로 칠할 수 있는 벽의 넓이)
$=\frac{25}{\underset{1}{\cancel{3}}}\times\overset{2}{\cancel{6}}=50$ (m^2)

답 50 m^2

10
소수의 나눗셈

재진이가 호수의 둘레를 한 바퀴 도는 데 걸린 시간을 소수로 나타내면 28분 15초$=28\frac{15}{60}$분
$=28\frac{1}{4}$분$=28\frac{25}{100}$분$=28.25$분입니다.
(호수의 둘레)
=(재진이가 1분 동안 간 거리)×(걸린 시간)
$=42\times28.25=1186.5$ (m)
(유주가 1분 동안 간 거리)
=(호수의 둘레)÷(걸린 시간)
$=1186.5\div36=32.958\cdots\cdots$ ➡ 32.96 m

답 32.96 m

도전, 창의사고력
20쪽

지도에서 모닥불과 항구 사이의 거리를 자로 재어 보면 3 cm이고, 항구와 보물 상자 사이의 거리를 재어 보면 7 cm입니다.
모닥불과 항구 사이의 실제 직선거리는
150 km=15000000 cm이므로
항구와 보물 상자 사이의 실제 직선거리를
● cm라 하여
(지도에서의 거리) : (실제 거리)의
비로 비례식을 세우면 다음과 같습니다.
3 : 15000000=7 : ●
➡ 3×●=15000000×7,
●=105000000÷3=35000000 (cm)
따라서 항구와 보물 상자 사이의 실제 직선거리는
35000000 cm=350 km입니다.

답 350 km

그림을 그려 해결하기

익히기 22~29쪽

1
분수의 나눗셈

문제분석 현아네 과수원에서 올해 수확한 사과는 모두 몇 kg

$\frac{4}{7}$ / 80

풀이 ❶ 80
❷ 40 / 40, 480 / 40, 280
❸ 480, 280, 80, 840

답 840

2
분수의 나눗셈

 신우가 이달에 받은 용돈은 모두 얼마

$\frac{3}{8}$ / $\frac{7}{10}$ / 3300

풀이

❶
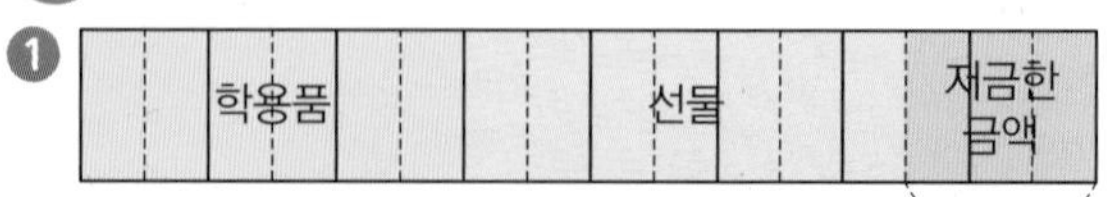

❷ 작은 칸 하나의 크기는 $3300 \div 3 = 1100$(원)을 나타냅니다.
➡ (학용품을 사는 데 쓴 금액)
$= 1100 \times 6 = 6600$(원)
➡ (선물을 사는 데 쓴 금액)
$= 1100 \times 7 = 7700$(원)

❸ (신우가 이달에 받은 용돈)
=(학용품을 사는 데 쓴 금액)
+(선물을 사는 데 쓴 금액)+(저금한 금액)
$= 6600 + 7700 + 3300 = 17600$(원)

답 17600원

3
원기둥, 원뿔, 구

문제분석 원기둥의 옆면의 넓이는 몇 cm^2

4, 12 / 3.1

풀이 ❶ 4 / 12 / 4, 3.1 / 24.8 / 12
❷ 24.8, 12, 297.6

답 297.6

4
각기둥과 각뿔

문제분석 각기둥의 모든 모서리 길이의 합은 몇 cm

6 / 36 / 11

풀이

❶ 주어진 각기둥의 밑면은 정다각형이므로 밑면의 변의 길이가 모두 같습니다.
한 밑면의 변의 수는 6개이고 한 밑면의 둘레는 36 cm이므로 한 밑면의 한 변의 길이는 6 cm입니다.

❷
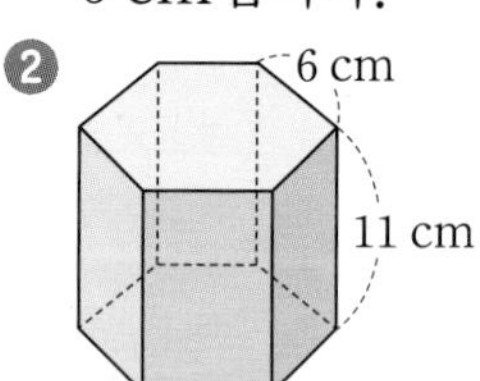

❸ 각기둥의 두 밑면은 합동이므로 주어진 육각기둥에서 길이가 6 cm인 모서리는 모두 $6 \times 2 = 12$(개)입니다.
주어진 육각기둥의 높이는 11 cm이므로 길이가 11 cm인 모서리는 모두 6개입니다.
따라서 각기둥의 모든 모서리 길이의 합은
$6 \times 12 + 11 \times 6 = 72 + 66 = 138$ (cm)
입니다.

답 138 cm

5
공간과 입체

 한 면에만 페인트가 칠해진 쌓기나무는 모두 몇 개

정육면체, 5

 6

풀이 ❶ 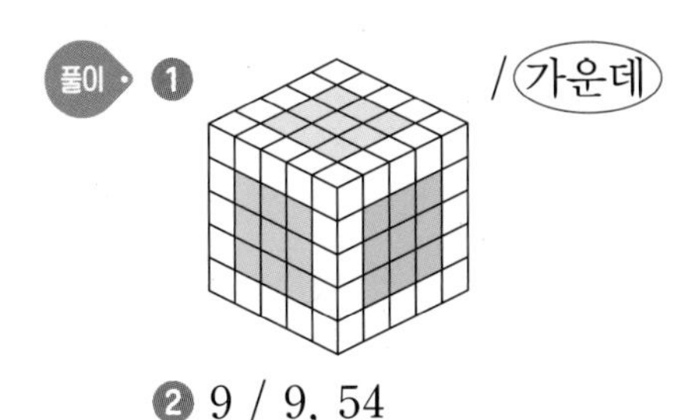 / (가운데)

❷ 9 / 9, 54

답 54

6 공간과 입체

문제분석 두 면에만 페인트가 칠해진 쌓기나무는 모두 몇 개

정육면체 / 4

해결전략 12

풀이

❶

❷ 두 면에만 페인트가 칠해진 쌓기나무는 쌓은 정육면체의 한 모서리에 2개씩 있고, 정육면체의 모서리는 12개입니다.

➡ (두 면에만 페인트가 칠해진 쌓기나무의 수)
$=2\times12=24$(개)

답 24개

7 원의 넓이

문제분석 원이 지나가는 자리의 넓이는 몇 cm^2

5, 3.14

풀이 ❶ 5, 3.14, 31.4 / 5, 10

❷ 31.4, 10, 314 / 5 / 5, 5, 3.14, 78.5 / 314, 78.5, 392.5

답 392.5

8 원의 넓이

문제분석 원이 지나가는 자리의 넓이는 몇 cm^2

3, 10 / 3.1

풀이

❶ 원이 지나가는 자리를 그리면 다음과 같습니다.

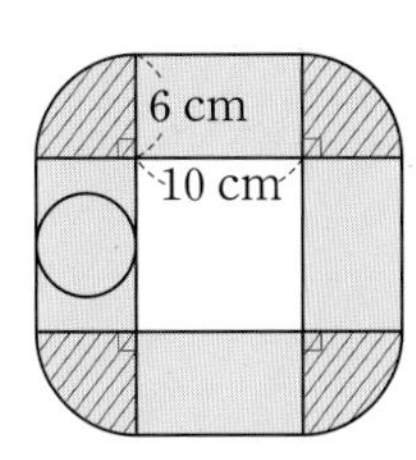

사각형의 꼭짓점에 있는 원의 일부분을 합치면 반지름이 6 cm인 원 한 개가 됩니다.

❷ (빗금 친 부분의 넓이)
=(반지름이 6 cm인 원의 넓이)
$=6\times6\times3.1=111.6$ (cm^2)
(직사각형 부분 넓이의 합)
$=(10\times6)\times4=240$ (cm^2)
(원이 지나가는 자리의 넓이)
$=111.6+240=351.6$ (cm^2)

답 351.6 cm^2

적용하기 30~33쪽

1 분수의 나눗셈

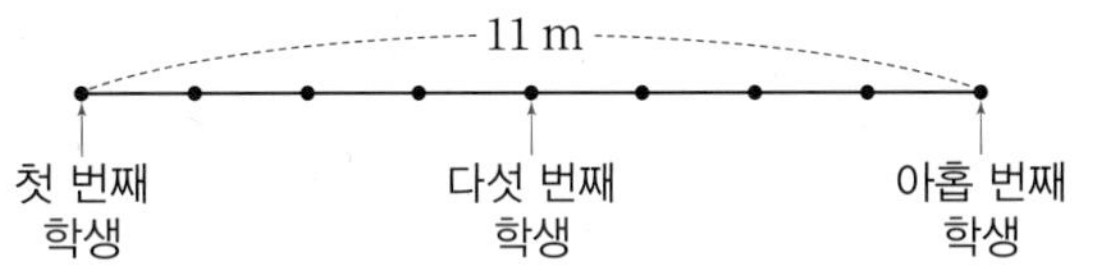

9명의 학생이 한 줄로 서 있을 때 학생과 학생 사이의 간격은 $9-1=8$(군데) 생깁니다.
(이웃한 두 학생 사이의 거리)
$=11\div8=\frac{11}{8}$ (m)
(첫 번째 학생과 다섯 번째 학생 사이의 거리)
$=\frac{11}{\cancel{8}_{2}}\times\cancel{4}^{1}=\frac{11}{2}=5\frac{1}{2}$ (m)

답 $5\frac{1}{2}$ m

2 소수의 나눗셈

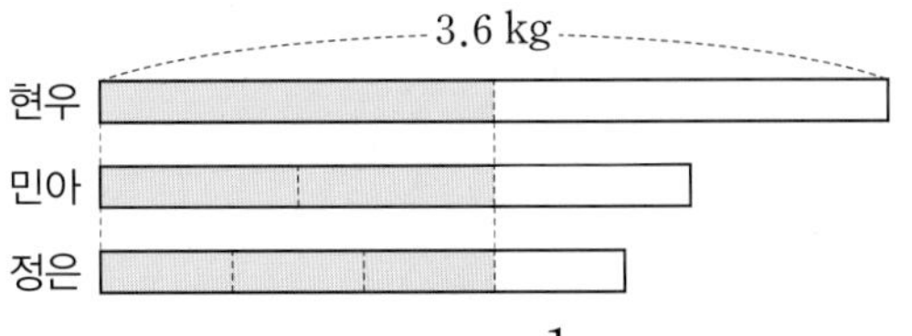

(현우가 캔 감자 무게의 $\frac{1}{2}$)
=(민아가 캔 감자 무게의 $\frac{2}{3}$)
=(정은이가 캔 감자 무게의 $\frac{3}{4}$)
$=3.6\div2=1.8$ (kg)

(민아가 캔 감자의 무게)
$=1.8\div2\times3=2.7$ (kg)
(정은이가 캔 감자의 무게)
$=1.8\div3\times4=2.4$ (kg)

답 민아: 2.7 kg, 정은: 2.4 kg

3 각기둥과 각뿔

삼각기둥의 전개도를 그려 보면 다음과 같습니다.

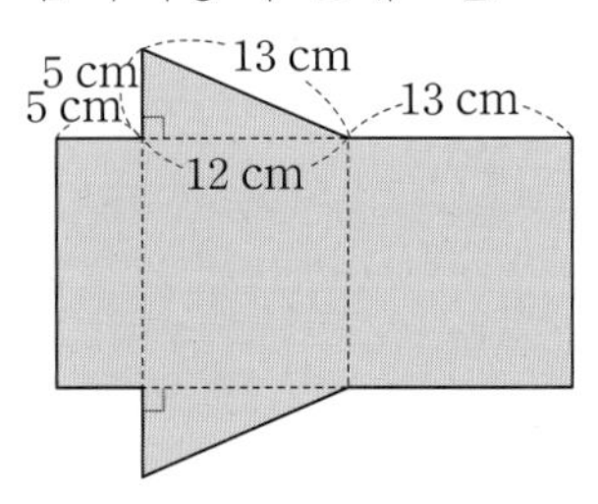

전개도에서 옆면의 넓이의 합은 가로가 $5+12+13=30$ (cm)인 직사각형의 넓이와 같습니다.
전개도에서 옆면의 넓이의 합이 420 cm²이므로 옆면의 세로는 $420\div30=14$ (cm)입니다.
삼각기둥의 높이는 전개도에서 옆면의 세로와 같으므로 14 cm입니다.

답 14 cm

4 직육면체의 부피와 겉넓이

한 모서리의 길이가 1 cm인 정육면체 모양 치즈 8조각으로 만들 수 있는 직육면체 모양을 모두 알아본 후 겉넓이를 구합니다.

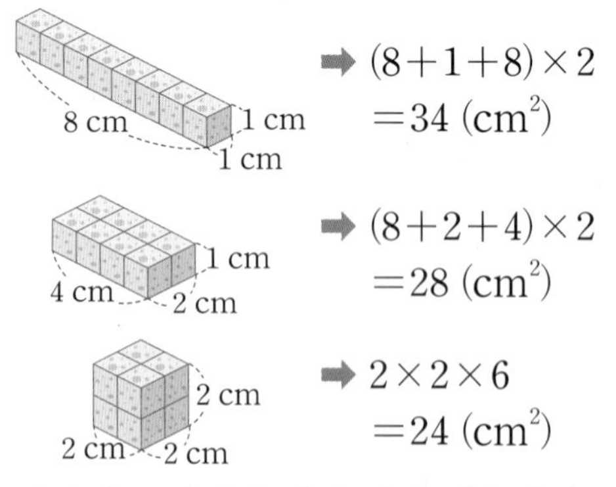

따라서 포장지를 가장 적게 사용하여 포장한다면 치즈 8조각으로 쌓은 직육면체 모양의 겉넓이는 24 cm²입니다.

답 24 cm²

주의 정육면체도 직육면체에 속하므로 한 모서리에 치즈를 2조각씩 놓아 만든 정육면체 모양의 겉넓이도 생각해야 합니다.

5 원의 넓이

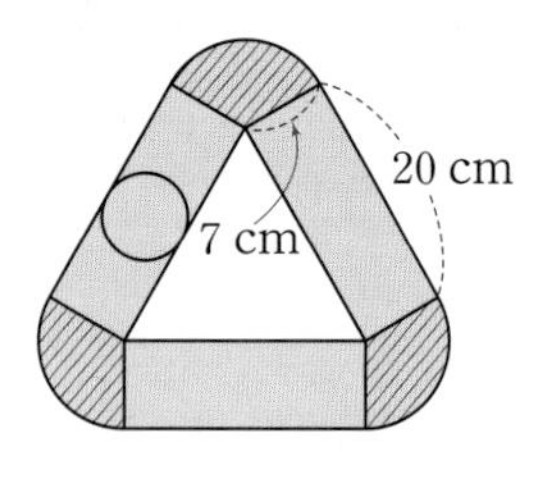

원이 지나가는 자리를 그리면 오른쪽과 같습니다.
삼각형의 꼭짓점에 있는 원의 일부분을 합치면 반지름이 7 cm인 원 한 개가 됩니다.
(빗금 친 부분의 넓이)
=(반지름이 7 cm인 원의 넓이)
$=7\times7\times3=147$ (cm²)
(직사각형 부분 넓이의 합)
$=(20\times7)\times3=420$ (cm²)
(원이 지나가는 자리의 넓이)
$=147+420=567$ (cm²)

답 567 cm²

6 비와 비율

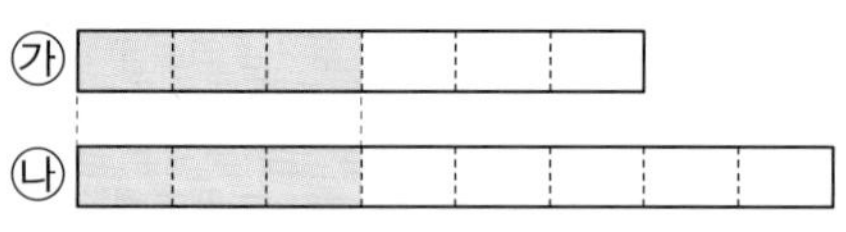

㉮와 ㉯의 넓이의 비를 간단한 자연수의 비로 나타내면 6 : 8 ➡ 3 : 4입니다.

답 3 : 4

7 직육면체의 부피와 겉넓이

㉮, ㉯, ㉰를 따라 잘라 직육면체를 나눌 때 생기는 단면은 각각 다음과 같습니다

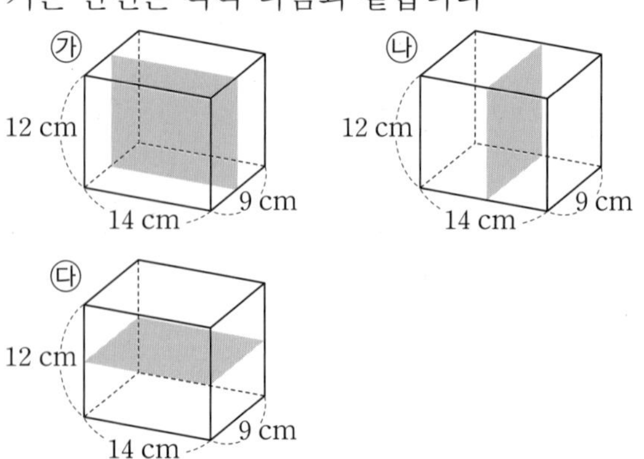

직육면체를 자르면 자를 때 생긴 단면 넓이의 2배만큼 겉넓이가 늘어나므로 각 경우에 늘어나는 겉넓이는 다음과 같습니다.

㉮: $(14\times12)\times2=336\ (cm^2)$
㉯: $(9\times12)\times2=216\ (cm^2)$
㉰: $(14\times9)\times2=252\ (cm^2)$
따라서 ㉮를 따라 자를 때 두 직육면체의 겉넓이의 합이 가장 큽니다.

답 ㉮

8

원기둥, 원뿔, 구

핸드볼 공을 넣을 수 있는 가장 작은 원기둥 모양의 상자는 밑면의 반지름이 9 cm이고, 높이가 18 cm입니다.
오른쪽과 같이 원기둥 모양 상자의 전개도에서 옆면의 가로는 한 밑면의 둘레와 같으므로

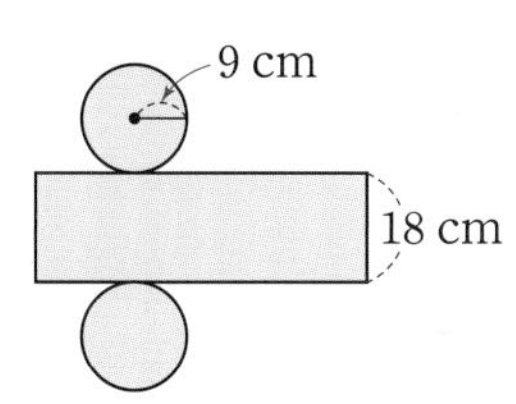

$9\times2\times3.14=56.52$ (cm)이고, 옆면의 세로는 원기둥의 높이와 같으므로 18 cm입니다.
(전개도에서 모든 면의 넓이의 합)
=(한 밑면의 넓이)×2+(옆면의 넓이)
$=(9\times9\times3.14)\times2+56.52\times18$
$=508.68+1017.36=1526.04\ (cm^2)$

답 $1526.04\ cm^2$

9

원기둥, 원뿔, 구

주어진 직사각형을 한 바퀴 돌려서 만든 입체도형은 가운데가 뚫린 원기둥이고, 이 원기둥을 앞에서 본 모양은 세로가 15 cm인 직사각형입니다.

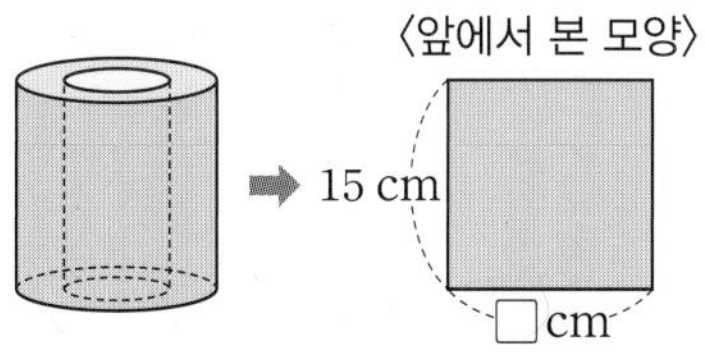

이 직사각형의 가로를 □cm라 하면 입체도형을 앞에서 본 모양의 둘레가 60 cm이므로
(□+15)×2=60, □+15=30,
□=30−15=15 (cm)입니다.
가운데가 뚫린 원기둥의 한 밑면은 오른쪽과 같습니다.
큰 원의 지름이 15 cm이므로 큰 원의 반지름은 15÷2=7.5 (cm)입니다.

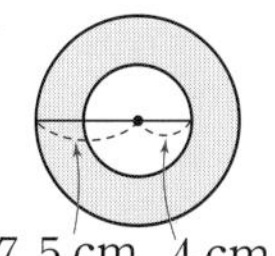

➡ (한 밑면의 넓이)
=(큰 원의 넓이)−(작은 원의 넓이)
$=7.5\times7.5\times3-4\times4\times3$
$=168.75-48=120.75\ (cm^2)$

답 $120.75\ cm^2$

10

공간과 입체

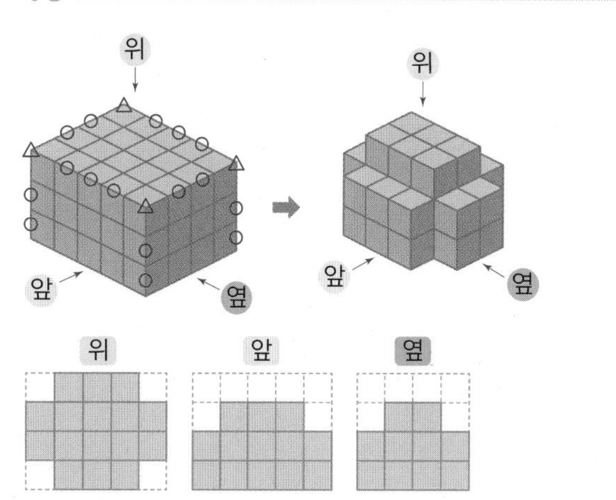

두 면만 색칠된 쌓기나무를 찾아 ○표, 세 면만 색칠된 쌓기나무를 찾아 △표 합니다.
두 면 이상 색칠된 쌓기나무를 빼내면 남는 쌓기나무는 1층에 16개, 2층에 16개, 3층에 6개로 모두 16+16+6=38(개)입니다.

답 38개

도전, 창의사고력

34쪽

양이 움직일 수 있는 범위는 오른쪽 그림에서 색칠한 부분과 같습니다.

(색칠한 부분의 넓이)
=(반지름이 7 m인 원의 넓이의 $\frac{3}{4}$)
+(반지름이 3 m인 원의 넓이의 $\frac{1}{4}$)×2
$=7\times7\times3.1\times\frac{3}{4}+3\times3\times3.1\times\frac{1}{4}\times2$
$=113.925+13.95=127.875\ (m^2)$

답 $127.875\ m^2$

표를 만들어 해결하기

익히기 36~41쪽

1
비와 비율

●와 ■의 합

14 / 3 : 5

해결전략 3 : 5

풀이 ❶

●	3	6	9	12	15	18	21	24	……
■	5	10	15	20	25	30	35	40	……
차	2	4	6	8	10	12	14	16	……

❷ 14 / 21, 35
❸ 21, 35, 56

답 56

참고 21과 35의 비를 간단한 자연수의 비로 나타내면 21 : 35 ➡ 3 : 5입니다.

2
비와 비율

요리 체험 활동에 참여한 어른과 어린이는 모두 몇 명

7 : 4 / 15

해결전략 7 : 4

❶

어른 수(명)	7	14	21	28	35	42	……
어린이 수(명)	4	8	12	16	20	24	……
차(명)	3	6	9	12	15	18	……

❷ 표에서 어른과 어린이 수의 차가 15명인 경우를 찾으면 어른은 35명, 어린이는 20명입니다.
❸ 요리 체험 활동에 참여한 어른과 어린이는 모두 35+20=55(명)입니다.

답 55명

3
비와 비율

그림 면이 2개 이상 나오는 경우는 전체의 몇 %

100, 500

2

풀이 ❶

50원짜리 동전의 면	숫자	숫자	숫자	숫자	그림	그림	그림	그림
100원짜리 동전의 면	숫자	숫자	그림	그림	숫자	숫자	그림	그림
500원짜리 동전의 면	숫자	그림	숫자	그림	숫자	그림	숫자	그림

❷ 4
❸ 4, 50

답 50

4
비와 비율

채민이가 화분 담당자가 되는 경우는 전체의 몇 %

5

풀이

❶ 표를 만들어 미주, 세진, 혜지, 채민, 조윤이 중 화분 담당자 3명을 정하는 경우를 나타냅니다.

담당자 1	미주	미주	미주	미주	미주
담당자 2	세진	세진	세진	혜지	혜지
담당자 3	혜지	채민	조윤	채민	조윤

담당자 1	미주	세진	세진	세진	혜지
담당자 2	채민	혜지	혜지	채민	채민
담당자 3	조윤	채민	조윤	조윤	조윤

❷ 5명 중 3명의 담당자를 정하는 방법은 모두 10가지입니다.
그중 채민이가 담당자가 되는 경우는 6가지입니다.

❸ $\frac{(\text{채민이가 담당자가 되는 경우의 수})}{(\text{전체 경우의 수})} \times 100$

$= \frac{\overset{}{6}}{\underset{1}{\cancel{10}}} \times \overset{10}{\cancel{100}} = 60\ (\%)$

답 60 %

5

여러 가지 그래프

문제분석 그림그래프를 보고 원그래프로 나타내시오.

1000, 100

풀이 ❶

마을	가	나	다	라	합계
수확량 (kg)	3900	4500	3600	3000	15000

❷ 15000, 26 / 15000, 30 /
3600, 15000, 24 / 3000, 15000, 20

답

6

여러 가지 그래프

문제분석 그림그래프를 보고 띠그래프로 나타내시오.

100, 50

풀이

❶

동	가	나	다	라	합계
자동차 수 (대)	600	700	650	550	2500

❷ 가: $\frac{\overset{24}{\cancel{600}}}{\underset{1}{\cancel{2500}}} \times \overset{1}{\cancel{100}} = 24\ (\%)$ (2500 → 25 → 1)

나: $\frac{\overset{28}{\cancel{700}}}{\underset{1}{\cancel{2500}}} \times \overset{1}{\cancel{100}} = 28\ (\%)$ (2500 → 25 → 1)

다: $\frac{\overset{26}{\cancel{650}}}{\underset{1}{\cancel{2500}}} \times \overset{1}{\cancel{100}} = 26\ (\%)$ (2500 → 25 → 1)

라: $\frac{\overset{22}{\cancel{550}}}{\underset{1}{\cancel{2500}}} \times \overset{1}{\cancel{100}} = 22\ (\%)$ (2500 → 25 → 1)

답

동별 자동차 수

0 10 20 30 40 50 60 70 80 90 100 (%)

가 동 (24 %)	나 동 (28 %)	다 동 (26 %)	라 동 (22 %)

적용하기 42~45쪽

1

비와 비율

백분율 75 %를 분수로 나타내면 $\frac{75}{100} = \frac{3}{4}$이므로 비로 나타내면 3 : 4입니다.
비가 3 : 4가 되는 경우를 표로 나타내 봅니다.

★	3	6	9	12	15	18	21	……
▲	4	8	12	16	20	24	28	……
합	7	14	21	28	35	42	49	……

합이 42인 경우를 찾으면 ★은 18이고, ▲은 24입니다.

답 ★=18, ▲=24

2

여러 가지 그래프

5.4 t=5400 kg
(네 과수원의 사과 수확량의 합)=5400×4
=21600 (kg)

과수원별 사과 수확량

과수원	가	나	다	라	합계
수확량 (kg)	5300	4600	7200		21600

(라 과수원의 사과 수확량)
=21600−(5300+4600+7200)
=4500 (kg)

답 4500 kg

3

비와 비율

동전과 주사위를 동시에 던졌을 때 나올 수 있는 동전의 면과 주사위 눈의 수의 경우를 모두 나타내 봅니다.

동전의 면	숫자 면	숫자 면	숫자 면	숫자 면	숫자 면	숫자 면
주사위 눈의 수	1	2	3	4	5	6

동전의 면	그림 면	그림 면	그림 면	그림 면	그림 면	그림 면
주사위 눈의 수	1	2	3	4	5	6

나올 수 있는 전체 경우는 12가지이고, 그중 주사위 눈의 수가 6의 약수인 경우는 8가지입니다.
➡ ◆=12, ▲=8

따라서 ◆에 대한 ▲의 비율을 기약분수로 나타내면 $\frac{8}{12}=\frac{2}{3}$입니다.

답 $\frac{2}{3}$

(참고) 6의 약수는 1, 2, 3, 6입니다.

4

㉯에서 ㉰까지 가장 짧게 선을 그으려면 오른쪽과 같이 빨간색 선으로 표시한 모서리를 따라 그어야 하므로 ㉮에서 ㉯까지 가장 짧게 선을 긋는 방법을 찾습니다.

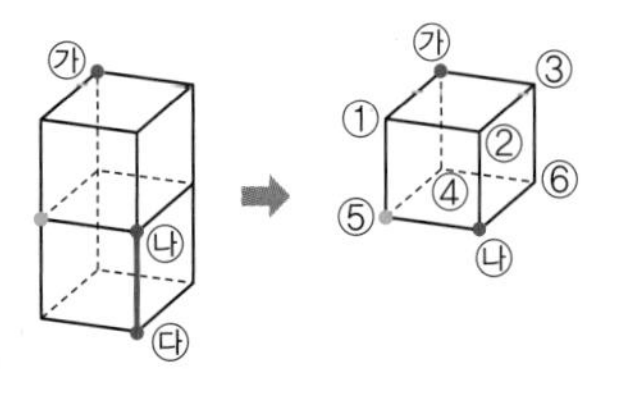

표를 만들어 ㉮에서 ㉯까지 모서리를 따라 선을 그을 때 지나는 꼭짓점의 번호를 표에 써넣어 가장 짧게 되는 경우를 모두 찾습니다.

출발	㉮	㉮	㉮	㉮	㉮	㉮
↓	①	①	③	③	④	④
	②	⑤	②	⑥	⑤	⑥
도착	㉯	㉯	㉯	㉯	㉯	㉯

㉮에서 ㉯를 지나 ㉰까지 가장 짧은 선을 긋는 방법은 모두 6가지이고 그중 파란색 점(⑤)을 지나는 방법은 2가지입니다. 따라서 비율을 기약분수로 나타내면 $\frac{2}{6}=\frac{1}{3}$입니다.

답 $\frac{1}{3}$

5

책	시집	과학책	참고서	소설	합계
백분율 (%)	$\frac{\overset{1}{\cancel{10}}}{\underset{\underset{1}{\cancel{5}}}{\cancel{50}}}\times\overset{20}{\cancel{100}}$ =20 (%)	36		18	100

(참고서의 백분율)
$=100-(20+36+18)=26$ (%)

답 0 10 20 30 40 50 60 70 80 90 100 (%)

시집 (20 %)	과학책 (36 %)	참고서 (26 %)	소설 (18 %)

6

직사각형의 가로에 대한 세로의 비율

➡ $\frac{(세로)}{(가로)}=\frac{8}{5}$이므로 비로 나타내면

(세로) : (가로)=8 : 5입니다.

세로와 가로의 비가 8 : 5가 되는 경우를 표로 나타내 봅니다.

세로 (cm)	8	16	24	……
가로 (cm)	5	10	15	……
넓이 (cm^2)	40	160	360	……

넓이가 360 cm^2인 경우를 찾으면
세로가 24 cm, 가로가 15 cm입니다.

➡ (직사각형의 둘레)$=(15+24)\times2$
$=78$ (cm)

답 78 cm

7

합이 32 kg이 되도록 사야 하는 2 kg, 5 kg, 7 kg짜리 설탕의 수를 표로 나타냅니다.
이때 가장 큰 7 kg짜리 설탕의 수를 먼저 정합니다.

7 kg짜리 수 (개)	4	3	2	2	1	1	1	0	0	0	0
5 kg짜리 수 (개)	0	1	2	0	5	3	1	6	4	2	0
2 kg짜리 수 (개)	2	3	4	9	0	5	10	1	6	11	16

따라서 설탕 32 kg을 살 수 있는 방법은 모두 11가지입니다.

답 11가지

8

윷가락의 굽은 면을 앞, 평평한 면을 뒤라고 하여 윷가락 4개를 던졌을 때 나올 수 있는 전체 경우를 표로 나타냅니다.

윷가락 1	앞	앞	앞	앞	앞	앞	앞	앞
윷가락 2	앞	앞	앞	앞	뒤	뒤	뒤	뒤
윷가락 3	앞	앞	뒤	뒤	앞	앞	뒤	뒤
윷가락 4	앞	뒤	앞	뒤	앞	뒤	앞	뒤
결과	모	도	도	개	도	개	개	걸

윷가락 1	뒤	뒤	뒤	뒤	뒤	뒤	뒤	뒤
윷가락 2	앞	앞	앞	앞	뒤	뒤	뒤	뒤
윷가락 3	앞	앞	뒤	뒤	앞	앞	뒤	뒤
윷가락 4	앞	뒤	앞	뒤	앞	뒤	앞	뒤
결과	도	개	개	걸	개	걸	걸	윷

윷가락 4개를 던졌을 때 나올 수 있는 전체 경우는 16가지이고, 그중 걸이 나오는 경우는 4가지입니다.
따라서 전체 경우의 수와 걸이 나오는 경우의 수의 비를 간단한 자연수의 비로 나타내면
16 : 4 ➡ 4 : 1입니다.

답 4 : 1

도전, 창의사고력 46쪽

	1회	2회	3회	4회	5회	타율	장타율
최민서	1루타	아웃	아웃	3루타	아웃	$\frac{2}{5}$	$\frac{4}{5}$
박주호	아웃	1루타	1루타	1루타	1루타	$\frac{4}{5}$	$\frac{4}{5}$

(최민서 선수의 장타율)

$=\frac{(1루타 수)\times1+(2루타 수)\times2+(3루타 수)\times3+(홈런 수)\times4}{(전체 타수)}$

$=\frac{1\times1+3\times1}{5}=\frac{4}{5}$

박주호 선수는 1회에만 아웃이고, 장타율이 최민서 선수와 같은 $\frac{4}{5}$이므로 2회부터 5회까지 모두 1루타입니다. 즉 박주호 선수의 타율은

$\frac{(안타 수)}{(전체 타수)}=\frac{4}{5}$입니다.

장현수 선수는 타율이 박주호 선수와 같은 $\frac{4}{5}$이므로 안타를 4번 쳤고,

장타율이 $2=\frac{10}{5}=\frac{1+2+3+4}{5}$이므로

1루타, 2루타, 3루타, 홈런을 각각 한 번씩 쳤습니다.

따라서 세 선수가 1루타를 친 횟수의 합은 최민서 선수 1번, 박주호 선수 4번, 장현수 선수 1번이므로 모두 1+4+1=6(번)입니다.

답 6번

거꾸로 풀어 해결하기

전략 세움

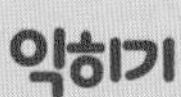

익히기 48~53쪽

1

분수의 나눗셈

문제분석 준성이가 처음에 가지고 있던 밀가루는 몇 kg인지 소수로 나타내시오.

0.4 / $2\frac{1}{2}$

해결전략 $\frac{5}{9}$

풀이 ❶ $\frac{5}{9}$ / $\frac{5}{9}$, $4\frac{1}{2}$

❷ $4\frac{1}{2}$, 4.9

답 4.9

2

분수의 나눗셈

문제분석 현수가 처음에 가지고 있던 사탕은 몇 개

$\frac{3}{7}$ / 28

해결전략 $\frac{7}{10}$ / $\frac{4}{7}$

풀이

❶ 주연이에게 주고 남은 사탕의 $\frac{3}{10}$을 승희에게 주었으므로 28개는 주연이에게 주고 남은 사탕의 $\frac{7}{10}$입니다.

(주연이에게 주고 남은 사탕 수)$\times\frac{7}{10}=28$

이므로

(주연이에게 주고 남은 사탕 수)

$=28\div\frac{7}{10}=\overset{4}{\cancel{28}}\times\frac{10}{\underset{1}{\cancel{7}}}=40$(개)입니다.

❷ 현수가 처음에 가지고 있던 사탕의 $\frac{3}{7}$을 주연이에게 주었으므로

40개는 현수가 처음에 가지고 있던 사탕의 $\frac{4}{7}$입니다.

(현수가 처음에 가지고 있던 사탕 수)$\times\frac{4}{7}=40$이므로

(현수가 처음에 가지고 있던 사탕 수)

$=40\div\frac{4}{7}=\overset{10}{\cancel{40}}\times\frac{7}{\underset{1}{\cancel{4}}}=70$(개)입니다.

답 70개

3 비와 비율

문제분석 3월에 생산한 자동차는 몇 대

10 / 0.25 / 2250

해결전략 0.25, 1.25 / 10, 90

풀이 ❶ 1.25 / 1.25 / 2250, 1.25, 1800

❷ 0.9 / 0.9 / 1800, 0.9, 2000

답 2000

4 비와 비율

문제분석 8월에 판 이어폰은 몇 개

15 / 20 / 0.1 / 459

해결전략 0.1, 0.9 / 20, 120 / 15, 85

풀이

❶ (11월 판매량)=(10월 판매량)×0.9

➡ (10월 판매량)=(11월 판매량)÷0.9

=459÷0.9=510(개)

❷ 120 %를 소수로 나타내면 1.2이므로

(10월 판매량)=(9월 판매량)×1.2

➡ (9월 판매량)=(10월 판매량)÷1.2

=510÷1.2=425(개)

❸ 85 %를 소수로 나타내면 0.85이므로

(9월 판매량)=(8월 판매량)×0.85

➡ (8월 판매량)=(9월 판매량)÷0.85

=425÷0.85=500(개)

답 500개

5 여러 가지 그래프

문제분석 조사한 전체 학생은 몇 명

70

풀이 ❶ 35, 26, 25, 14

❷ 70, 14 / 0.14 / 0.14 / 70, 0.14, 500

답 500

6 여러 가지 그래프

문제분석 조사한 전체 학생은 몇 명

144

풀이

❶ (온천에 가고 싶은 학생 수의 백분율)

=100−(32+30+20)=18 (%)

❷ 온천에 가고 싶은 학생은 144명이고,

이는 전체의 18 %입니다.

(온천에 가고 싶은 학생 수)

=(전체 학생 수)×0.18

➡ (전체 학생 수)

=(온천에 가고 싶은 학생 수)÷0.18

=144÷0.18=800(명)

답 800명

적용하기 54~57쪽

1 비와 비율

60 %를 소수로 나타내면 0.6이므로

(영어 학원을 다니는 학생 수)

=(학원을 다니는 학생 수)×0.6

➡ (학원을 다니는 학생 수)

=(영어 학원을 다니는 학생 수)÷0.6

=84÷0.6=140(명)

70 %를 소수로 나타내면 0.7이므로
(학원을 다니는 학생 수)
=(6학년 학생 수)×0.7
➡ (6학년 학생 수)
=(학원을 다니는 학생 수)÷0.7
=140÷0.7=200(명)

답 200명

2
여러 가지 그래프

(여름과 겨울에 태어난 학생 수의 백분율)
=100−(27+34)=39 (%)
전체 학생 수의 39 %가 156명이므로 전체 학생 수를 □명이라 하면

$□\times\frac{39}{100}=156$,

$□=156\div\frac{39}{100}=\overset{4}{\cancel{156}}\times\frac{100}{\underset{1}{\cancel{39}}}=400$(명)입니다.

전체 학생 수는 400명이고 봄에 태어난 학생은 전체의 27 %입니다.

➡ (봄에 태어난 학생 수)$=\overset{4}{\cancel{400}}\times\frac{27}{\underset{1}{\cancel{100}}}=108$(명)

답 108명

3
비와 비율

가방을 정가에서 10 % 할인하여 판매했으므로 판매 가격은 정가의 100−10=90 (%) ➡ 0.9입니다.
(가방의 판매 가격)=(가방의 정가)×0.9
➡ (가방의 정가)=(가방의 판매 가격)÷0.9
=13500÷0.9=15000(원)
원가의 0.2만큼 이익을 붙였으므로 가방의 정가는 원가의 1+0.2=1.2(배)입니다.
(가방의 정가)=(가방의 원가)×1.2
➡ (가방의 원가)=(가방의 정가)÷1.2
=15000÷1.2=12500(원)

답 12500원

4
분수의 나눗셈

동생에게 주고 남은 고무찰흙의 $\frac{3}{5}$으로 공룡을 만들었으므로 140 g은 동생에게 주고 남은 고무찰흙의 $\frac{2}{5}$입니다.

(동생에게 주고 남은 고무찰흙 무게)$\times\frac{2}{5}=140$

➡ (동생에게 주고 남은 고무찰흙 무게)

$=140\div\frac{2}{5}=\overset{70}{\cancel{140}}\times\frac{5}{\underset{1}{\cancel{2}}}=350$ (g)

태훈이가 처음에 가지고 있던 고무찰흙의 $\frac{1}{6}$을 동생에게 주었으므로 350 g은 태훈이가 처음에 가지고 있던 고무찰흙의 $\frac{5}{6}$입니다.

(처음에 가지고 있던 고무찰흙 무게)$\times\frac{5}{6}=350$

➡ (태훈이가 처음에 가지고 있던 고무찰흙 무게)

$=350\div\frac{5}{6}=\overset{70}{\cancel{350}}\times\frac{6}{\underset{1}{\cancel{5}}}=420$ (g)

답 420 g

5
소수의 나눗셈

(목요일 태풍의 빠르기)
=(수요일 태풍의 빠르기)×0.8
➡ (수요일 태풍의 빠르기)
=(목요일 태풍의 빠르기)÷0.8
=3.712÷0.8=4.64 (km)
(수요일 태풍의 빠르기)
=(화요일 태풍의 빠르기)×0.8
➡ (화요일 태풍의 빠르기)
=(수요일 태풍의 빠르기)÷0.8
=4.64÷0.8=5.8 (km)
따라서 이번 주 화요일에 관측한 태풍의 빠르기는 시간당 5.8 km입니다.

답 5.8 km

6
소수의 나눗셈

오늘 오후 1시부터 오후 6시까지 5시간 동안 자란 죽순의 길이는 133.2−120.4=12.8 (cm)입니다.
1시간 동안 자라는 죽순의 길이는
12.8÷5=2.56 (cm)이므로

24시간 동안 자라는 죽순의 길이는
$2.56 \times 24 = 61.44$ (cm)입니다.
따라서 어제 오후 1시에 잰 죽순의 길이는
$120.4 - 61.44 = 58.96$ (cm)입니다.

답 58.96 cm

7
비와 비율

(인형 15개의 할인된 판매 가격)
$= 40000 - 1600 = 38400$(원)
(인형 한 개의 할인된 판매 가격)
$= 38400 \div 15 = 2560$(원)
인형 한 개의 할인된 판매 가격은 정가의 80 %
➡ 0.8입니다.
(인형 한 개의 할인된 판매 가격)
$=$(인형 한 개의 정가)$\times 0.8$
➡ (인형 한 개의 정가)
$=$(인형 한 개의 할인된 판매 가격)$\div 0.8$
$= 2560 \div 0.8 = 3200$(원)

답 3200원

8
소수의 나눗셈

처음 직사각형의 가로가 12.5 cm이므로
(새로 그린 직사각형의 가로)$= 12.5 \times 1.8$
$= 22.5$ (cm)
(새로 그린 직사각형의 세로)
$=$(새로 그린 직사각형의 넓이)
$\div$(새로 그린 직사각형의 가로)
$= 357.75 \div 22.5 = 15.9$ (cm)
처음 직사각형의 세로를 □ cm라 하면
$\square \times 1.5 = 15.9$이므로
$\square = 15.9 \div 1.5 = 10.6$ (cm)입니다.
따라서 처음 직사각형의 세로는 10.6 cm입니다.

답 10.6 cm

9
여러 가지 그래프

(채소 수출 금액)$=$(농산물 수출 금액)$\times 0.4$
➡ (농산물 수출 금액)$=$(채소 수출 금액)$\div 0.4$
$= 20$억$\div 0.4$
$= 50$억 (원)
(농산물 수출 금액)$=$(총 수출 금액)$\times 0.2$
➡ (총 수출 금액)$=$(농산물 수출 금액)$\div 0.2$
$= 50$억$\div 0.2$
$= 250$억 (원)
따라서 자동차 수출 금액은
250억$\times 0.3 = 75$억 (원)입니다.

답 75억 원

10
비례식과 비례배분

(남은 빨간색 구슬 수)$= \overset{22}{\cancel{286}} \times \frac{6}{\underset{1}{\cancel{13}}} = 132$(개)

(남은 보라색 구슬 수)$= \overset{22}{\cancel{286}} \times \frac{7}{\underset{1}{\cancel{13}}} = 154$(개)

빨간색 구슬 수는 변하지 않았으므로 처음에 있던 보라색 구슬 수를 □개라 하여
(빨간색 구슬 수) : (보라색 구슬 수)의 비로 비례식을 세웁니다.
$11 : 16 = 132 : \square$ ➡ $11 \times \square = 16 \times 132$이므로
$11 \times \square = 2112$, $\square = 2112 \div 11 = 192$(개)입니다.
따라서 동생에게 준 보라색 구슬은
$192 - 154 = 38$(개)입니다.

답 38개

도전, 창의사고력
58쪽

바람도시의 접종자 1800명은  3개, 3개로 나타냈습니다. 1개가 100명을 나타내므로  3개는 $1800 - 100 \times 3 = 1500$(명)을 나타냅니다.
즉  1개는 $1500 \div 3 = 500$(명)을 나타냅니다.
별빛도시의 접종자 2320명은  4개, 3개, • 2개로 나타냈습니다.  1개는 500명을 나타내고, 1개는 100명을 나타내므로 • 2개는
$2320 - 500 \times 4 - 100 \times 3 = 20$(명)을 나타냅니다.
즉 • 1개는 $20 \div 2 = 10$(명)을 나타냅니다.
따라서 풀잎도시의 접종자 1640명을 그림그래프에 나타내면  3개, 1개, • 4개입니다.

답  • • • • / 500 / 10

규칙을 찾아 해결하기

전략 세움

익히기 60~65쪽

1 소수의 나눗셈

문제분석 몫의 소수 20째 자리 숫자

9.7, 6

풀이 ❶ 예

```
   1.6 1 6 6 ……
6)9.7
  6
  3 7
  3 6
    1 0
      6
      4 0
      3 6
        4 0
        3 6
```

❷ (셋째), 6 / (셋째) / 6

답 6

2 소수의 나눗셈

문제분석 소수 45째 자리 숫자

35.9, 2.7

해결전략 46

풀이

❶ $35.9 \div 2.7 = 13.296296296$……이므로 몫의 소수 첫째 자리부터 숫자 2, 9, 6이 반복됩니다.

❷ 몫의 소수 첫째 자리부터 숫자 2, 9, 6이 반복되고 $45 \div 3 = 15$이므로 소수 45째 자리 숫자는 소수 셋째 자리 숫자와 같은 6이고, 소수 46째 자리 숫자는 2입니다.

❸ 몫을 반올림하여 소수 45째 자리까지 나타내려면 소수 46째 자리에서 반올림해야 합니다. 따라서 소수 46째 자리 숫자는 2이므로 몫을 반올림하여 소수 45째 자리까지 나타내면 소수 45째 자리 숫자는 6입니다.

답 6

3 원의 넓이

문제분석 7일째에 곰팡이의 넓이는 몇 cm^2

4, 6, 8 / 10

풀이 ❶

날짜 (일째)	1	2	3	4	5	6	7
원의 지름 (cm)	4	6	8	10	12	14	16

(+2) (+2) (+2) (+2) (+2) (+2)

2, 16

❷ 16, 8 / 8, 8, 3, 192

답 192

4 분수의 나눗셈

문제분석 6번째 모양에서 가장 작은 평행사변형 한 개의 넓이는 몇 cm^2

$41\frac{1}{4}$ / 1, 6 / 15

풀이

❶ 평행사변형의 수를 표로 나타내면 다음과 같습니다.

순서	첫 번째	두 번째	세 번째	……
가장 작은 평행사변형 수 (개)	$1\times1=1$	$3\times2=6$	$5\times3=15$	……

➡ 평행사변형의 수는 한 변에 2개씩, 다른 한 변에 1개씩 늘어나고 있습니다. 6번째 모양에는 가장 작은 평행사변형이 한 변에 11개, 다른 한 변에 6개 있으므로 가장 작은 평행사변형의 수는 $11\times6=66$(개)입니다.

❷ 6번째 모양에서 가장 작은 평행사변형 한 개의 넓이는

$$41\frac{1}{4} \div 66 = \frac{165}{4} \div 66 = \frac{\overset{5}{\cancel{165}}}{4} \times \frac{1}{\underset{2}{\cancel{66}}} = \frac{5}{8}\ (cm^2)$$입니다.

답 $\frac{5}{8}$ cm^2

5

공간과 입체

문제분석 7층까지 쌓는 데 필요한 쌓기나무는 모두 몇 개

풀이 ❶ 6, 4, 10 / 4
❷ 3, 4, 5, 15 / 3, 4, 5, 6, 21 / 3, 4, 5, 6, 7, 28 / 6, 10, 15, 21, 28, 84

답 84

6

공간과 입체

문제분석 몇 층까지 쌓은 것입니까?
110

풀이

❶ $2\times1=2$(개)
$3\times2=6$(개)
$4\times3=12$(개)
➡ 아래로 한 층 내려갈 때마다 쌓기나무의 수가 4개, 6개, 8개, …… 늘어납니다.

❷ $2+4+6+8+10+12+14+16+18+20=110$이므로 1층에 놓인 쌓기나무가 110개라면 10층까지 쌓은 것입니다.

답 10층

다른풀이

■층으로 쌓았을 때 1층에 놓은 쌓기나무의 수는 ((■+1)×■)개입니다.
1층의 쌓기나무의 수가 (■+1)×■=110이고 $11\times10=110$이므로 ■=10입니다.
따라서 1층에 놓인 쌓기나무가 110개라면 10층까지 쌓은 것입니다.

적용하기

66~69쪽

1

소수의 나눗셈

(분모)$\div17=2\cdots3$ ➡ $17\times2+3=37$이므로 이 분수의 분모는 37입니다.
$\frac{17}{37}$ ➡ $17\div37=0.459459459\cdots\cdots$이므로 몫의 소수 첫째 자리부터 3개의 숫자 4, 5, 9가 반복됩니다.
따라서 $100\div3=33\cdots1$이므로 소수 100째 자리 숫자는 소수 첫째 자리 숫자와 같은 4입니다.

답 4

2

비와 비율

두 번째 직사각형의 가로는 10 cm이고, 세로는 4 cm이므로 직사각형의 세로에 대한 가로의 비를 간단한 자연수의 비로 나타내면
(가로) : (세로)=10 : 4=5 : 2입니다.
첫 번째 직사각형 ➡ 가로: 5 cm, 세로: 2 cm
두 번째 직사각형 ➡ 가로: $5\times2=10$ (cm),
세로: $2\times2=4$ (cm)
세 번째 직사각형 ➡ 가로: $5\times3=15$ (cm),
세로: $2\times3=6$ (cm)
⋮
■번째 직사각형 ➡ 가로: (5×■) cm,
세로: (2×■) cm
7번째 직사각형의 가로는 $5\times7=35$ (cm)이고, 세로는 $2\times7=14$ (cm)입니다.
따라서 7번째 직사각형의 둘레는
$(35+14)\times2=98$ (cm)입니다.

답 98 cm

3

원의 넓이

원의 수와 원의 지름의 규칙을 표로 나타내면 다음과 같습니다.

순서	첫 번째	두 번째	세 번째	……
원의 수 (개)	1	$2\times2=4$	$3\times3=9$	……
원의 지름 (cm)	72	$72\div2=36$	$72\div3=24$	……

➡ ■번째 정사각형 안에 그린 전체 원의 수는 (■$\times$■)개이고, 원의 지름은 (72$\div$■) cm입니다.
따라서 9번째 정사각형 안에 그린 전체 원의 수는 $9\times9=81$(개)이고,
원의 지름은 $72\div9=8$ (cm)이므로
원주의 합은 $8\times3.1\times81=2008.8$ (cm)입니다.

답 2008.8 cm

4 직육면체의 부피와 겉넓이

10번째 직육면체에서 가로, 세로, 높이에 놓이는 쌓기나무의 수를 각각 구해 봅니다.
가로: 1개, 2개, 3개, …… ➡ 10번째: 10개
세로: 2개, 3개, 4개, …… ➡ 10번째: 11개
높이: 1개, 1개, 1개, …… ➡ 10번째: 1개
즉 10번째 직육면체에는 쌓기나무가 가로에 10개, 세로에 11개, 높이에 1개 놓입니다.
정육면체의 한 모서리의 길이가 2 cm이므로
10번째 직육면체의 가로는 $2\times10=20$ (cm), 세로는 $2\times11=22$ (cm), 높이는 2 cm입니다.
➡ (10번째 직육면체의 겉넓이)
$=(20\times22+22\times2+2\times20)\times2$
$=524\times2=1048$ (cm^2)

답 1048 cm^2

5 분수의 나눗셈

나누어지는 수: $\frac{1}{2}$, $\frac{2}{3}$, $\frac{3}{4}$, $\frac{4}{5}$, ……로 $\frac{1}{2}$에서 분모와 분자가 각각 1씩 커지는 규칙입니다.
나누는 수: 분자가 항상 1이고, 분모는 2씩 커지는 규칙입니다.
따라서 7번째 식의 나누어지는 수는 $\frac{7}{8}$이고,
나누는 수는 $\frac{1}{14}$입니다.
➡ $\frac{7}{8}\div\frac{1}{14}=\frac{7}{\cancel{8}_4}\times\cancel{14}^7=\frac{49}{4}=12\frac{1}{4}$

답 $12\frac{1}{4}$

6 소수의 나눗셈

첫 번째 정사각형은 $1\times1=1$(개) 중 1칸, 두 번째 정사각형은 $2\times2=4$(개)로 나눈 것 중 2칸, 세 번째 정사각형은 $3\times3=9$(개)로 나눈 것 중 3칸, ……을 색칠하는 규칙입니다.
즉 10번째 정사각형은 $10\times10=100$(개)로 나눈 것 중 10칸을 색칠한 것이므로 색칠한 부분의 넓이는 전체의 $\frac{10}{100}=\frac{1}{10}$입니다.
(첫 번째 정사각형의 넓이)$\times\frac{1}{10}=5.47$ (cm^2)
이므로 첫 번째 정사각형의 넓이는
$5.47\times10=54.7$ (cm^2)입니다.

답 54.7 cm^2

7 원의 넓이

원의 일부인 가, 나, 다, 라, 마의 반지름은 각각을 둘러싼 정사각형의 한 변의 길이와 같으므로
가: $1+1=2$ (cm), 나: $2+1=3$ (cm),
다: $3+2=5$ (cm), 라: $5+3=8$ (cm),
마: $8+5=13$ (cm)입니다.
(가의 넓이)$=2\times2\times3\times\frac{1}{4}=3$ (cm^2)
(나의 넓이)$=3\times3\times3\times\frac{1}{4}$
$=\frac{27}{4}=6\frac{3}{4}$ (cm^2)
(다의 넓이)$=5\times5\times3\times\frac{1}{4}$
$=\frac{75}{4}=18\frac{3}{4}$ (cm^2)
(라의 넓이)$=8\times8\times3\times\frac{1}{4}=48$ (cm^2)
(마의 넓이)$=13\times13\times3\times\frac{1}{4}$
$=\frac{507}{4}=126\frac{3}{4}$ (cm^2)
➡ (색칠한 부분의 넓이의 합)
$=3+6\frac{3}{4}+18\frac{3}{4}+48+126\frac{3}{4}$
$=201\frac{9}{4}=203\frac{1}{4}$ (cm^2)

답 $203\frac{1}{4}$ cm^2

순서	첫 번째	두 번째	세 번째	……
작은 정육면체의 수 (개)	$2\times2\times2$ $=8$	$3\times3\times3$ $=27$	$4\times4\times4$ $=64$	……
한 면도 색칠되지 않은 정육면체의 수 (개)	0	$1\times1\times1$ $=1$	$2\times2\times2$ $=8$	……

■번째 모양에서 작은 정육면체의 수는
((■$+1$)$\times$(■$+1$)$\times$(■$+1$))개이고
한 면도 색칠되지 않은 정육면체의 수는
((■-1)$\times$(■-1)$\times$(■-1))개입니다.
(9번째 모양에서 작은 정육면체의 수)
$=10\times10\times10=1000$(개)
➡ (9번째 모양에서 한 면도 색칠되지 않은 정육면체의 수)$=8\times8\times8=512$(개)

답 512개

도전, 창의사고력 70쪽

오각기둥의 면의 수는 $5+2=7$(개), 꼭짓점의 수는 $5\times2=10$(개), 모서리의 수는 $5\times3=15$(개)입니다.

- 면의 수: 꼭짓점을 그림과 같이 한 번 자를 때마다 면이 1개씩 생깁니다. 오각기둥의 면은 7개이고 꼭짓점은 10개이므로 모든 꼭짓점을 잘라내고 남은 보석의 면의 수는 $7+10=17$(개)입니다.
- 꼭짓점의 수: 모든 꼭짓점에서 3개의 면이 만나므로 꼭짓점을 그림과 같이 한 번 자를 때마다 꼭짓점이 1개 없어지고, 3개 생깁니다. 오각기둥의 꼭짓점은 10개이므로 모든 꼭짓점을 잘라내고 남은 보석의 꼭짓점의 수는 $3\times10=30$(개)입니다.
- 모서리의 수: 모든 꼭짓점에서 3개의 면이 만나므로 꼭짓점을 그림과 같이 한 번 자를 때마다 모서리가 3개씩 생깁니다. 오각기둥의 모서리는 15개이고 꼭짓점은 10개이므로 모든 꼭짓점을 잘라내고 남은 보석의 모서리의 수는 $15+3\times10=15+30=45$(개)입니다.

답 17, 30, 45

예상과 확인으로 해결하기

전략 세움

익히기 72~75쪽

1 소수의 나눗셈

문제분석 몫을 자연수까지 구했을 때 나머지 ▲.■

30.2

해결전략 1, 6

풀이 ② 4

③ 6, 4 / 4.6

답 4.6

2 소수의 나눗셈

문제분석 몫을 소수 첫째 자리까지 구했을 때 나머지 0.♥★

4.32

해결전략 1, 5, 6

풀이

① ★.1)4.32 → 몫 0.1, 3★1, 나머지 0.1★ ➡ ★에 알맞은 숫자는 없습니다.

② ★.5)4.32 → 몫 0.5, 3★5, 나머지 0.5★ ➡ ★에 알맞은 숫자는 7입니다.

③ ★.6)4.32 → 몫 0.6, 3★6, 나머지 0.6★ ➡ ★에 알맞은 숫자는 없습니다.

④ ♥=5, ★=7이므로 나눗셈의 몫을 소수 첫째 자리까지 구했을 때 나머지 0.♥★은 0.57입니다.

답 0.57

다른 풀이

4.32−3.★♥=0.♥★

➡ 0.♥★+3.★♥=4.32이므로 ★+♥=12입니다.

★+♥=12가 되도록 ★과 ♥에 알맞은 숫자를 예상하고 확인해 봅니다. 이때 ★과 ♥는 서로 다른 숫자이므로 ★=6, ♥=6일 수 없습니다.

- ★=5, ♥=7이라고 예상하면 나누는 수는 5.7, 몫은 0.7입니다. (×)

  5.7)4.32 → 몫 0.7, 399, 나머지 0.33

- ★=7, ♥=5라고 예상하면 나누는 수는 7.5, 몫은 0.5입니다. (○)

  7.5)4.32 → 몫 0.5, 375, 나머지 0.57

➡ ★=7, ♥=5이므로 나눗셈의 몫을 소수 첫째 자리까지 구했을 때 나머지 0.♥★은 0.57입니다.

참고 ★=8, ♥=4인 경우, ★=4, ♥=8인 경우, ★=9, ♥=3인 경우, ★=3, ♥=9인 경우도 확인해 보면 식이 성립하지 않습니다.

3 공간과 입체

문제분석 빼낼 수 있는 쌓기나무를 찾아 기호를 쓰시오.

7

풀이 ①

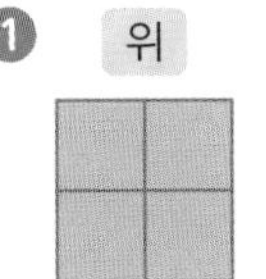

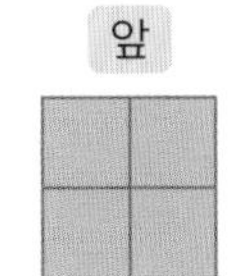

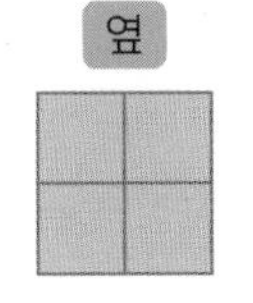

② 옆 / 앞 / 위 / ㉡

답 ㉡

4 공간과 입체

문제분석 빼낼 수 있는 쌓기나무를 모두 찾아 기호를 쓰시오.

11

풀이

❶

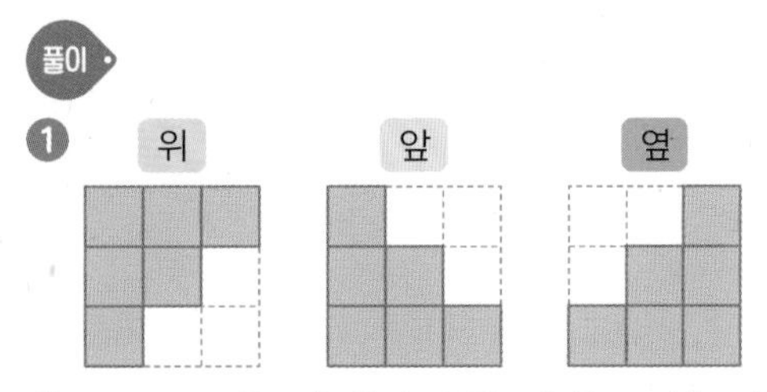

❷ **[예상1]** ㉠ 쌓기나무를 빼내고 위, 앞, 옆에서 본 모양을 확인해 봅니다.

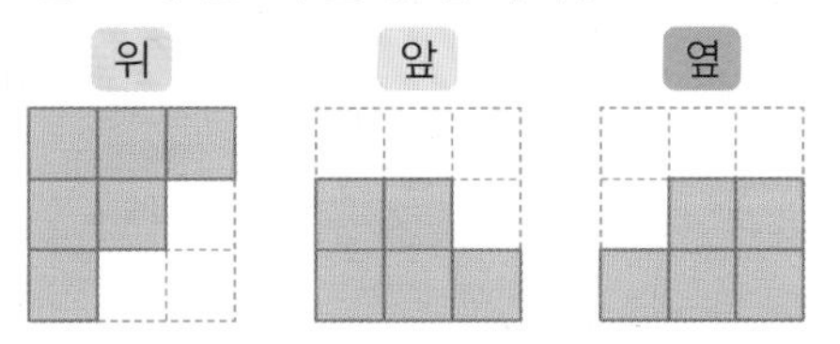

➡ 앞에서 본 모양과 옆에서 본 모양이 변합니다.

[예상2] ㉡ 쌓기나무를 빼내면 위, 앞, 옆에서 본 모양이 모두 변하지 않습니다.

[예상3] ㉢ 쌓기나무를 빼내고 위, 앞, 옆에서 본 모양을 확인해 봅니다.

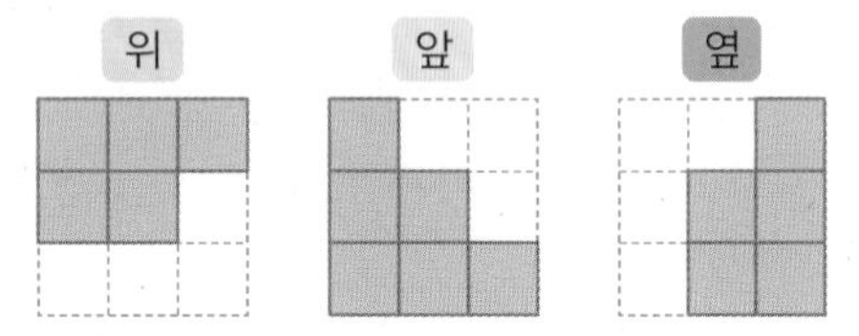

➡ 위에서 본 모양과 옆에서 본 모양이 변합니다.

[예상4] ㉣ 쌓기나무를 빼내면 위, 앞, 옆에서 본 모양이 모두 변하지 않습니다.

따라서 빼낼 수 있는 쌓기나무를 모두 찾으면 ㉡, ㉣입니다.

답 ㉡, ㉣

적용하기 76~79쪽

1 비와 비율

[예상1] (밑변의 길이) : (높이)$=5:7=10:14$이므로 밑변의 길이 10 cm, 높이 14 cm로 예상하면

(삼각형의 넓이)$=10\times14\div2=70$ (cm^2) (×)

[예상2] (밑변의 길이) : (높이)$=5:7=15:21$이므로 밑변의 길이 15 cm, 높이 21 cm로 예상하면

(삼각형의 넓이)$=15\times21\div2=157.5$ (cm^2)입니다. (○)

따라서 삼각형의 밑변의 길이는 15 cm입니다.

답 15 cm

2 소수의 나눗셈

[예상1] □$=0$일 때

$3.507\div4.6=0.762\cdots\cdots$이므로

몫을 반올림하여 소수 둘째 자리까지 나타내면 0.76입니다. (○)

[예상2] □$=1$일 때

$3.517\div4.6=0.764\cdots\cdots$이므로

몫을 반올림하여 소수 둘째 자리까지 나타내면 0.76입니다. (○)

[예상3] □$=2$일 때

$3.527\div4.6=0.766\cdots\cdots$이므로

몫을 반올림하여 소수 둘째 자리까지 나타내면 0.77입니다. (×)

따라서 □ 안에 들어갈 수 있는 숫자는 0, 1입니다.

답 0, 1

3 비와 비율

현수와 아영이가 읽은 책 수의 비가 $4:3$이므로 현수가 읽은 책 수가 4의 배수가 되도록 예상하고 확인해 봅니다.

[예상1] 현수가 읽은 책이 32권이라고 예상하면 $4:3=32:24$이므로 아영이가 읽은 책은 24권이고, 이때 민희가 읽은 책은 $32-12=20$(권)입니다.

➡ (민희, 현수, 아영이가 읽은 책 수의 합)
$=20+32+24=76$(권) (×)

[예상2] 현수가 읽은 책이 36권이라고 예상하면 $4:3=36:27$이므로 아영이가 읽은 책은 27권이고, 이때 민희가 읽은 책은 $36-12=24$(권)입니다.

➡ (민희, 현수, 아영이가 읽은 책 수의 합)
$=24+36+27=87$(권) (○)

따라서 민희가 읽은 책은 24권입니다.

답 24권

4 분수의 나눗셈

$5\frac{5}{6}$ ㉠ 14 ㉡ 20=$8\frac{1}{3}$이라 하여 ㉠과 ㉡에 들어갈 기호를 예상하고 확인해 봅니다.

이때 계산 결과인 $8\frac{1}{3}$이 14, 20보다 작으므로 ㉠과 ㉡ 중 한 곳에는 ÷가 들어가야 합니다.

[예상1] ㉠에 ×, ㉡에 ÷가 들어간다면

$$5\frac{5}{6}\times14\div20=\frac{\overset{7}{\cancel{35}}}{\underset{3}{\cancel{6}}}\times\overset{7}{\cancel{14}}\times\frac{1}{\underset{4}{\cancel{20}}}$$
$$=\frac{49}{12}=4\frac{1}{12}\ (\times)$$

[예상2] ㉠에 ÷, ㉡에 ÷가 들어간다면

$$5\frac{5}{6}\div14\div20=\frac{\overset{1}{\cancel{35}}}{6}\times\frac{1}{\underset{2}{\cancel{14}}}\times\frac{1}{\underset{4}{\cancel{20}}}=\frac{1}{48}\ (\times)$$

[예상3] ㉠에 ÷, ㉡에 ×가 들어간다면

$$5\frac{5}{6}\div14\times20=\frac{\overset{5}{\cancel{35}}}{\underset{3}{\cancel{6}}}\times\frac{1}{\underset{1}{\cancel{14}}}\times\overset{5}{\cancel{20}}$$
$$=\frac{25}{3}=8\frac{1}{3}\ (○)$$

➡ $5\frac{5}{6}\div14\times20=8\frac{1}{3}$

답 ÷, ×

5 공간과 입체

주어진 모양을 위, 앞, 옆에서 본 모양은 다음과 같습니다.

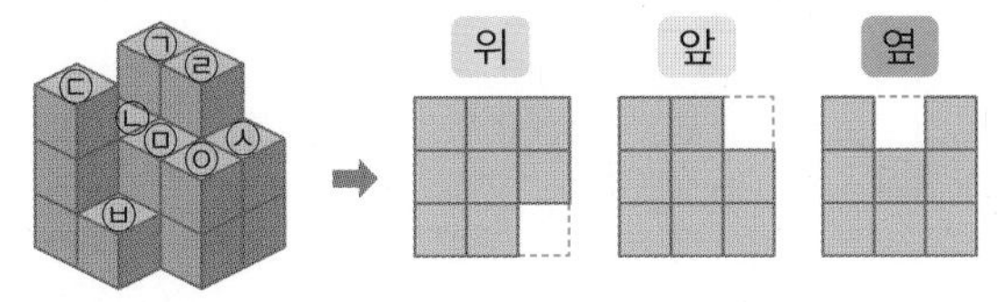

각 자리 중 3개씩 쌓여 있는 ㉠, ㉢, ㉣에서 쌓기나무를 빼낸다고 예상하여 쌓기나무를 최대 몇 개까지 빼낼 수 있는지 알아봅니다.

[예상1] ㉠에서 쌓기나무를 빼낸다고 예상하여 최대한 빼낼 수 있는 쌓기나무의 수를 구하면 다음과 같습니다.

㉠: 2개, ㉡: 1개, ㉤: 1개, ㉦: 1개

➡ 2+1+1+1=5(개)

[예상2] ㉢에서 쌓기나무를 빼낸다고 예상하면 옆에서 본 모양이 변하므로 ㉢에서 쌓기나무를 빼낼 수 없습니다.

[예상3] ㉣에서 쌓기나무를 빼낸다고 예상하면 앞에서 본 모양이 변하므로 ㉣에서 쌓기나무를 빼낼 수 없습니다.

따라서 쌓기나무를 최대 5개까지 빼낼 수 있습니다.

답 5개

6 소수의 나눗셈

몫을 반올림하여 소수 첫째 자리까지 나타내면 5.6이므로 소수 둘째 자리까지 구한 몫의 범위는 5.55 이상 5.65 미만입니다.

따라서 몫을 소수 첫째 자리까지 구하면 5.5 또는 5.6이 될 수 있습니다.

7×5.5=38.5 ➡ 38.5+0.6=39.1

7×5.6=39.2 ➡ 39.2+0.6=39.8

어떤 수는 39.1 또는 39.8이 될 수 있습니다.

[예상1] 어떤 수가 39.1일 때

39.1÷7=5.585……에서 몫을 반올림하여 소수 첫째 자리까지 나타내면 5.6입니다. (○)

[예상2] 어떤 수가 39.8일 때

39.8÷7=5.685……에서 몫을 반올림하여 소수 첫째 자리까지 나타내면 5.7입니다. (×)

따라서 어떤 소수는 39.1입니다.

답 39.1

7 직육면체의 부피와 겉넓이

높이에 대한 세로의 비율이 $1\frac{1}{3}=\frac{4}{3}$이므로

➡ (세로) : (높이)=4 : 3입니다.

[예상1] 직육면체의 가로가 10 cm일 때

세로는 25−10=15 (cm),

높이는 22−10=12 (cm)입니다.

➡ (세로) : (높이)=15 : 12=5 : 4 (×)

[예상2] 직육면체의 가로가 11 cm일 때

세로는 25−11=14 (cm),

높이는 22−11=11 (cm)입니다.

➡ (세로) : (높이)=14 : 11 (×)

[예상3] 직육면체의 가로가 12 cm일 때
세로는 $25-12=13$ (cm),
높이는 $22-12=10$ (cm)입니다.
➡ (세로) : (높이)$=13:10$ (×)
[예상4] 직육면체의 가로가 13 cm일 때
세로는 $25-13=12$ (cm),
높이는 $22-13=9$ (cm)입니다.
➡ (세로) : (높이)$=12:9=4:3$ (○)
따라서 직육면체의 가로는 13 cm,
세로는 12 cm, 높이는 9 cm입니다.
➡ (직육면체의 부피)$=13\times12\times9$
$=1404$ (cm^3)

답 1404 cm^3

8

분수의 나눗셈

$\frac{2}{3}\div㉠\times㉡=\frac{2}{3}\times\frac{1}{㉠}\times㉡=\frac{2}{3}\times\frac{㉡}{㉠}$

$\frac{2}{3}\times\frac{㉡}{㉠}$의 계산 결과가 자연수가 되려면 ㉡에 알맞은 수는 3의 배수가 되어야 합니다.
㉡에 알맞은 수를 3의 배수가 되도록 예상하고 확인해 봅니다.

[예상1] ㉡$=3$일 때 $\frac{2}{\cancel{3}_1}\times\frac{\cancel{3}^1}{㉠}=\frac{2}{㉠}$이므로
$\frac{2}{㉠}$가 자연수가 되려면 ㉠에 알맞은 수는 2입니다. ➡ (㉠, ㉡)$=(2, 3)$

[예상2] ㉡$=6$일 때 $\frac{2}{\cancel{3}_1}\times\frac{\cancel{6}^2}{㉠}=\frac{4}{㉠}$이므로
$\frac{4}{㉠}$가 자연수가 되려면 ㉠에 알맞은 수는 2, 4입니다. ➡ (㉠, ㉡)$=(2, 6)$, $(4, 6)$

[예상3] ㉡$=9$일 때 $\frac{2}{\cancel{3}_1}\times\frac{\cancel{9}^3}{㉠}=\frac{6}{㉠}$이므로
$\frac{6}{㉠}$이 자연수가 되려면 ㉠에 알맞은 수는 2, 3, 6입니다. ➡ (㉠, ㉡)$=(2, 9)$, $(3, 9)$, $(6, 9)$
따라서 (㉠, ㉡)은 모두 6가지입니다.

답 6가지

도전, 창의사고력

80쪽

지난달 음악 채널과 미술 채널의 구독자 수를 예상하여 이번 달 음악 채널과 미술 채널의 구독자 수를 구한 다음, 이번 달 구독자 수의 합이 147명이 되는지 확인해 봅니다.
지난달의 음악 채널 구독자와 미술 채널 구독자 수의 합은 $130-10=120$(명)입니다.
[예상1] 지난달 음악 채널 구독자 수를 60명, 지난달 미술 채널 구독자 수를 60명으로 예상하면
이번 달 음악 채널 구독자 수는 $60\times1.1=66$(명),
이번 달 미술 채널 구독자 수는 $60\times1.2=72$(명)
이므로 이번 달 구독자 수의 합은
$66+72+10=148$(명)입니다.
➡ 구독자 수의 합이 147명이 아닙니다.
[예상2] 지난달 음악 채널 구독자 수를 70명, 지난달 미술 채널 구독자 수를 50명으로 예상하면
이번 달 음악 채널 구독자 수는 $70\times1.1=77$(명),
이번 달 미술 채널 구독자 수는 $50\times1.2=60$(명)
이므로 이번 달 구독자 수의 합은
$77+60+10=147$(명)입니다.
➡ 구독자 수의 합이 147명입니다.
따라서 지난달 음악 채널 구독자 수는 70명, 미술 채널 구독자 수는 50명이고, 이번 달 음악 채널 구독자 수는 77명, 미술 채널 구독자 수는 60명입니다.

	지난달	이번 달
음악 채널	70명	77명
미술 채널	50명	60명
체육 채널	10명	10명
합계	130명	147명

조건을 따져 해결하기

전략 세움

익히기 82~87쪽

1 비례식과 비례배분

문제분석 상추와 고추를 심은 부분의 넓이는 각각 몇 m^2

$\frac{1}{5}$ / $\frac{1}{6}$ / 105

풀이 ❶ $\frac{1}{5}$, $\frac{4}{5}$ / $\frac{4}{5}$, $\frac{2}{15}$ / $\frac{2}{15}$, 2

❷ 3, 63 / 2, 42

답 63, 42

2 비례식과 비례배분

문제분석 튤립과 국화 중 어느 것을 심은 부분이 몇 m^2 더 넓습니까?

$\frac{2}{7}$ / $\frac{3}{4}$ / 161

풀이

❶ 전체를 1이라 하면 튤립을 심고 남은 부분은 화단 전체의 $1-\frac{2}{7}=\frac{5}{7}$입니다.

국화를 심은 부분은 튤립을 심고 남은 부분의 $\frac{3}{4}$이므로 전체의 $\frac{5}{7}\times\frac{3}{4}=\frac{15}{28}$입니다.

➡ (튤립을 심은 부분) : (국화를 심은 부분)

$=\frac{2}{7}:\frac{15}{28}=8:15$

❷ 튤립과 국화를 심은 부분의 넓이의 합이 161 m^2이므로

(튤립을 심은 부분의 넓이)

$=\overset{7}{\cancel{161}}\times\frac{8}{\underset{1}{\cancel{23}}}=56\ (m^2)$

(국화를 심은 부분의 넓이)

$=\overset{7}{\cancel{161}}\times\frac{15}{\underset{1}{\cancel{23}}}=105\ (m^2)$

❸ 56<105이므로 국화를 심은 부분의 넓이가 $105-56=49\ (m^2)$ 더 넓습니다.

답 국화, 49 m^2

3 원의 넓이

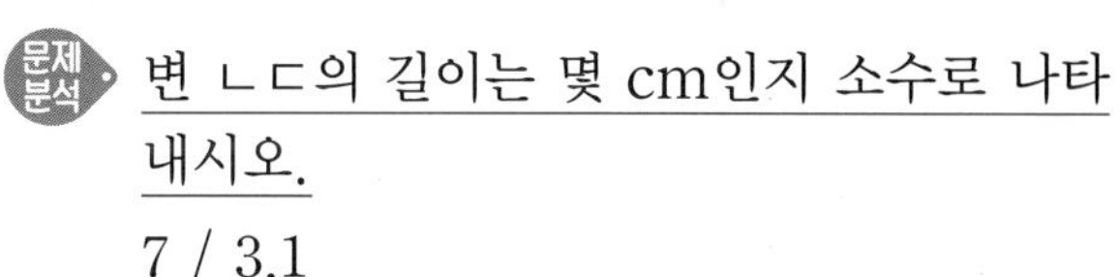

문제분석 변 ㄴㄷ의 길이는 몇 cm인지 소수로 나타내시오.

7 / 3.1

해결전략 원

풀이 ❶ 7, 7, 3.1, 151.9

❷ 원, 151.9

❸ 2, 14 / 151.9, 14, 10.85

답 10.85

4 원의 넓이

문제분석 변 ㄱㄴ의 길이는 몇 cm인지 소수로 나타내시오.

8 / 3.14

해결전략 8, $\frac{1}{4}$

풀이

❶ 원의 일부는 반지름이 8 cm인 원의 $\frac{1}{4}$입니다.

(반지름이 8 cm인 원 넓이의 $\frac{1}{4}$)

$=8\times8\times3.14\times\frac{1}{4}=50.24\ (cm^2)$

❷ 오른쪽과 같이 색칠하지 않은 부분 ㉰는 삼각형 ㄱㄴㄷ과 반지름이 8 cm인 원의 $\frac{1}{4}$의 공통된 부분이므로

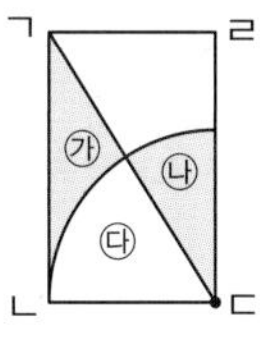

(삼각형 ㄱㄴㄷ의 넓이)

=(반지름이 8 cm인 원 넓이의 $\frac{1}{4}$)

$=50.24\ cm^2$

❸ 변 ㄴㄷ의 길이는 8 cm이고
직각삼각형 ㄱㄴㄷ의 넓이는 50.24 cm^2입니다.
➡ (변 ㄱㄴ)$=50.24\times2\div8=12.56$ (cm)

답 12.56 cm

5 공간과 입체

문제분석 쌓기나무를 가장 적게 쌓은 경우에 쌓기나무 수는 몇 개
위, 앞, 옆

해결전략 위

풀이 ❶

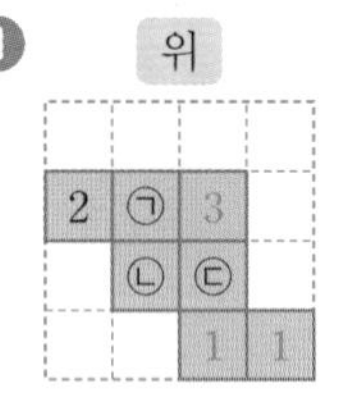

❷ 2, 1
❸ 3, 2, 1, 1, 1, 11

답 11

6 공간과 입체

문제분석 쌓기나무를 가장 많이 쌓은 경우에 쌓기나무 수는 몇 개
위, 앞, 옆

해결전략 위

풀이

❶ 쌓은 쌓기나무를 앞, 옆에서 본 모양을 보고 ㉠, ㉡, ㉢을 제외한 빈칸에 쌓은 쌓기나무의 수를 써 봅니다.

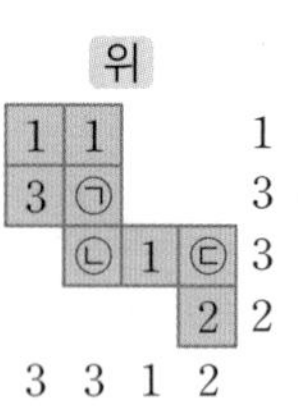

❷ 쌓기나무를 가장 많이 쌓으려면 ㉠에 3개, ㉡에 3개, ㉢에 2개를 쌓으면 됩니다.
따라서 쌓은 쌓기나무가 가장 많은 경우에 자리별 쌓기나무 수를 모두 더하면
$1+1+3+3+3+1+2+2=16$(개)입니다.

답 16개

주의 쌓기나무의 수를 확실히 알 수 있는 자리부터 쌓기나무의 수를 씁니다.

적용하기 88~91쪽

1 비와 비율

(정삼각형의 둘레)$=24.5\times3=73.5$ (cm)
(정오각형의 둘레)$=$(정삼각형의 둘레)
$=73.5$ cm
(정오각형의 한 변의 길이)$=73.5\div5$
$=14.7$ (cm)
(정오각형의 한 변의 길이) : (정삼각형의 한 변의 길이)
$=14.7:24.5=147:245=3:5$
따라서 정삼각형의 한 변의 길이에 대한 정오각형의 한 변의 길이의 비율을 기약분수로 나타내면 $\frac{3}{5}$입니다.

답 $\frac{3}{5}$

2 소수의 나눗셈

(가로 한 줄에 놓이는 타일 수)
$=4\div0.25=16$(장)
(세로 한 줄에 놓이는 타일 수)
$=3\div0.25=12$(장)
➡ (필요한 타일 수)$=16\times12=192$(장)

답 192장

3 공간과 입체

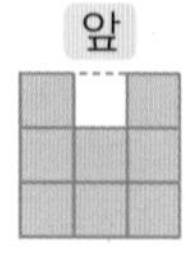

앞에서 본 모양은 왼쪽 그림과 같습니다.
앞에서 본 모양이 변하지 않으려면 ㉠ 위에 최대 2개, ㉡ 위에 최대 1개를 더 쌓을 수 있습니다.
따라서 ㉠과 ㉡ 위에 더 쌓을 수 있는 쌓기나무는 최대 $2+1=3$(개)입니다.

답 3개

4
분수의 나눗셈

• 몫이 가장 작은 (대분수)÷(자연수)의 나눗셈식: 대분수는 가장 작게 자연수는 가장 크게 만듭니다.

➡ $2\frac{4}{5} \div 7 = \frac{\overset{2}{\cancel{14}}}{5} \times \frac{1}{\underset{1}{\cancel{7}}} = \frac{2}{5}$

• 몫이 가장 큰 (대분수)÷(자연수)의 나눗셈식: 대분수는 가장 크게 자연수는 가장 작게 만듭니다.

➡ $7\frac{4}{5} \div 2 = \frac{39}{5} \times \frac{1}{2} = \frac{39}{10}$

따라서 두 사람이 만든 나눗셈식의 몫의 합은

$\frac{2}{5} + \frac{39}{10} = \frac{4}{10} + \frac{39}{10} = \frac{43}{10} = 4\frac{3}{10}$입니다.

답 $4\frac{3}{10}$

5
원의 넓이

(정사각형의 한 변의 길이)$=9+5=14$ (cm)

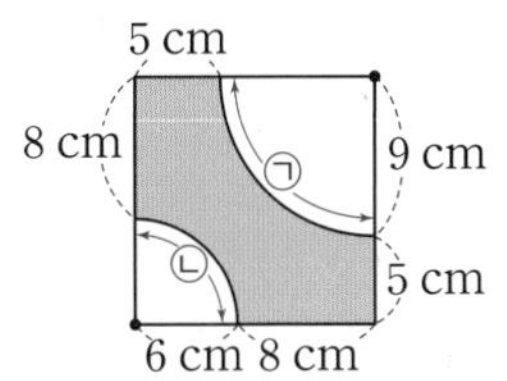

곡선 ㉠의 길이는 반지름이 9 cm인 원주의 $\frac{1}{4}$이고,

곡선 ㉡의 길이는 반지름이 $14-8=6$ (cm)인 원주의 $\frac{1}{4}$입니다.

(곡선 부분의 길이의 합)

$=$(곡선 ㉠의 길이)$+$(곡선 ㉡의 길이)

$=9 \times 2 \times 3.1 \times \frac{1}{4} + 6 \times 2 \times 3.1 \times \frac{1}{4}$

$=13.95+9.3=23.25$ (cm)

직선 부분의 길이의 합은

$5+8+8+5=26$ (cm)입니다.

따라서 색칠한 부분의 둘레는

$23.25+26=49.25$ (cm)입니다.

답 49.25 cm

6
소수의 나눗셈

$3.45 \div 2.78 = 1.241\cdots\cdots$이므로 나누어지는 수에 어떤 수를 더하여 2.78로 나누었을 때

소수 둘째 자리에서 나누어떨어지게 하는 가장 작은 몫은 1.25입니다.

몫이 1.25가 되기 위해서는 나누어지는 수가 $2.78 \times 1.25 = 3.475$가 되어야 합니다.

따라서 나누어지는 수에 더해야 하는 가장 작은 수는 $3.475-3.45=0.025$입니다.

답 0.025

7
비례식과 비례배분

(사각형의 넓이)$\times \frac{2}{5} =$(원의 넓이)$\times \frac{1}{4}$이므로

주어진 조건을 비례식으로 나타내 봅니다.

➡ (사각형의 넓이) : (원의 넓이)$= \frac{1}{4} : \frac{2}{5}$

➡ $5:8$

답 $5:8$

8
분수의 나눗셈

㉮ ★$\div 4 \times 5 =$★$\times \frac{1}{4} \times 5 =$★$\times \frac{5}{4}$

㉯ ■$\div 6 \times \frac{1}{7} =$■$\times \frac{1}{6} \times \frac{1}{7} =$■$\times \frac{1}{42}$

㉰ ▲$\times \frac{5}{8} \div 20 =$▲$\times \frac{\overset{1}{\cancel{5}}}{8} \times \frac{1}{\underset{4}{\cancel{20}}} =$▲$\times \frac{1}{32}$

㉱ ◆$\times \frac{3}{5} \div 2 =$◆$\times \frac{3}{5} \times \frac{1}{2} =$◆$\times \frac{3}{10}$

계산 결과가 같을 때 곱하는 수가 작을수록 곱해지는 수는 큽니다.

$\frac{1}{42} < \frac{1}{32} < \frac{3}{10} < \frac{5}{4}$이므로 큰 수를 나타내는 것부터 차례로 쓰면 ■, ▲, ◆, ★입니다.

답 ■, ▲, ◆, ★

9

위		
1	2	3
2	3	3
0	3	4
2	4	4

왼쪽과 같이 빼내기 전 위에서 본 모양의 각 칸에 빼내야 하는 쌓기나무의 수를 써넣어 알아봅니다.

(빼내야 하는 쌓기나무의 수)
$=1+2+3+2+3+3+3+4+2+4+4$
$=31$(개)

답 31개

10

위에서 본 모양의 각 자리에 쌓을 수 있는 쌓기나무의 수를 씁니다.
$4+3+2+1=10$(개)이므로 1층에는 4개, 2층에는 3개, 3층에는 2개, 4층에는 1개를 쌓아야 합니다.
위에서 본 모양의 각 자리에 1, 2, 3, 4를 써넣어서 만들 수 있는 모양은 모두 몇 가지인지 알아봅니다.

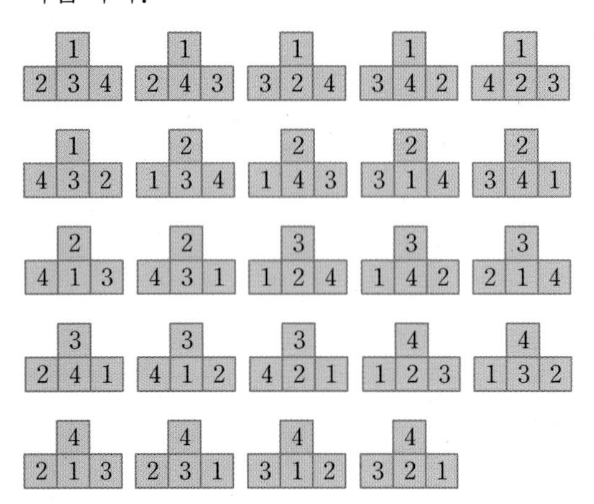

답 24가지

도전, 창의사고력

92쪽

원그래프에서 이번 달 문화생활비는 전체의 25 %
➡ $\frac{25}{100}=\frac{1}{4}$이므로
(이번 달 전체 생활비)$=20000\times4=80000$(원)
(이번 달 저축 금액)$=80000\times0.15=12000$(원)
윤하가 세운 계획을 보고 주어진 조건을 따져 다음 달에 사용할 돈의 쓰임새별 금액을 구해 봅니다.
(다음 달 전체 생활비)$=80000+4000$
$=84000$(원)
(다음 달 교통·통신비)$=8000\times1.1=8800$(원)
(다음 달 학용품비)$=8000\times0.95=7600$(원)
(다음 달 문화생활비)=(이번 달 문화생활비)
$=20000$원
(다음 달 저축 금액)=(이번 달 저축 금액)$+2000$
$=12000+2000$
$=14000$(원)
(다음 달 기타 금액)$=84000\times0.05=4200$(원)
(다음 달 식품비)
$=84000-(8800+7600+20000+14000+4200)$
$=29400$(원)
➡ (다음 달 전체 생활비에 대한 식품비의 백분율)
$=\frac{29400}{84000}\times100=35$ (%)

답 35 %

참고 다음 달에 사용할 돈의 쓰임새별 금액

쓰임새	식품비	교통·통신비	학용품비	문화생활비	저축	기타	합계
금액(원)	29400	8800	7600	20000	14000	4200	84000

단순화하여 해결하기

전략 세움

익히기 94~101쪽

1
소수의 나눗셈

문제분석 가로등과 가로등 사이의 거리는 몇 m인지 소수로 나타내시오.

91.5 / 16

풀이 ❶ 2 / 3 / 1, 15
❷ 91.5, 15, 6.1

답 6.1

2
분수의 나눗셈

문제분석 나무와 나무 사이의 거리는 몇 km인지 기약분수로 나타내시오.

$19\frac{1}{5}$ / 17

풀이

❶ 첫 번째 나무와 두 번째 나무가 마주 볼 때

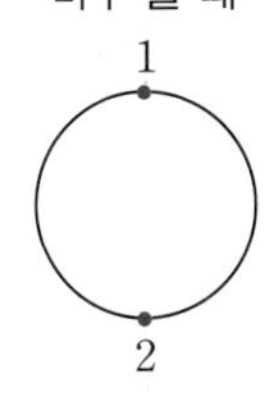

(간격 수)
$=(2-1)\times2$
$=2$(군데)

첫 번째 나무와 세 번째 나무가 마주 볼 때

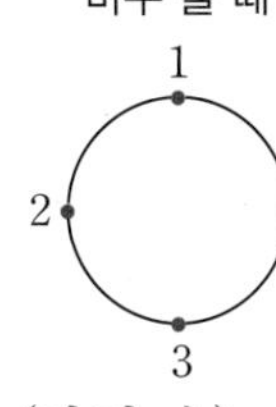

(간격 수)
$=(3-1)\times2$
$=4$(군데)

첫 번째 나무와 네 번째 나무가 마주 볼 때

1, 2, 6, 3, 5, 4

(간격 수)
$=(4-1)\times2$
$=6$(군데)

첫 번째 나무와 ■번째 나무가 마주 볼 때 나무와 나무 사이의 간격의 수는 ((■$-1)\times2$) 군데입니다. 즉 첫 번째 나무와 17번째 나무가 마주 볼 때 나무와 나무 사이의 간격은 $(17-1)\times2=32$(군데)입니다.

❷ (나무와 나무 사이의 거리)
=(호수 산책로의 길이)
÷(나무와 나무 사이의 간격 수)

$$=19\frac{1}{5}\div32=\frac{\overset{3}{\cancel{96}}}{5}\times\frac{1}{\underset{1}{\cancel{32}}}=\frac{3}{5}\text{ (km)}$$

답 $\frac{3}{5}$ km

3
원의 넓이

문제분석 색칠한 부분의 넓이는 몇 cm^2

8 / 4

풀이 ❶

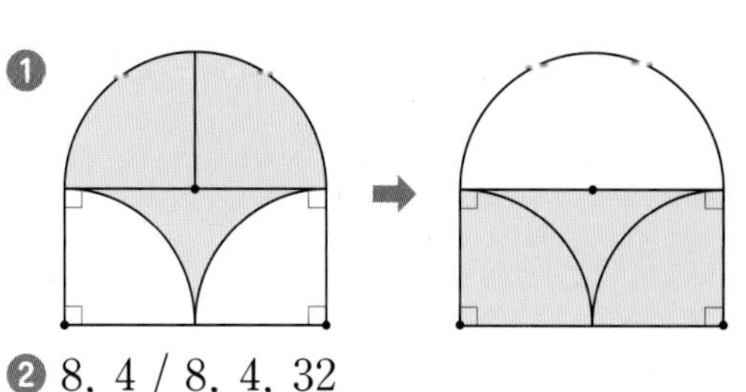

❷ 8, 4 / 8, 4, 32

답 32

4
원의 넓이

문제분석 색칠한 부분의 넓이는 몇 cm^2

24, 24

풀이

❶ 그림과 같이 색칠한 부분을 이동하면 색칠한 부분의 넓이는 한 변의 길이가 24 cm인 정사각형 넓이의 $\frac{1}{2}$과 같습니다.

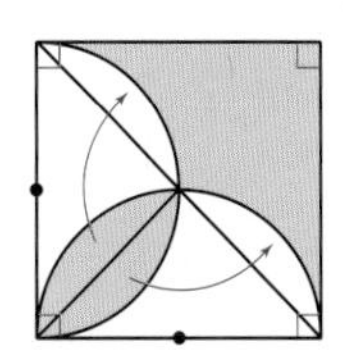
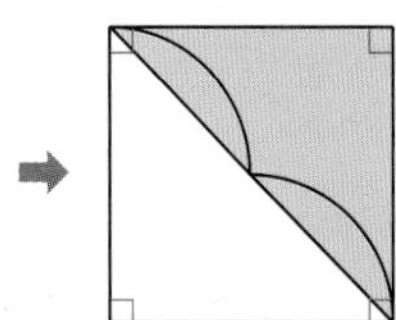

❷ (색칠한 부분의 넓이)

$$=\overset{12}{\cancel{24}}\times24\times\frac{1}{\underset{1}{\cancel{2}}}=288\text{ (cm}^2)$$

답 288 cm^2

5
직육면체의 부피와 겉넓이

문제분석 돌의 부피는 몇 cm^3

직육면체 / 24 / 10, 13

풀이 ❶ 13, 10, 3
❷ 24, 3, 2520

답 2520

6
직육면체의 부피와 겉넓이

 벽돌의 부피는 몇 cm^3

정육면체 / 21 / $\frac{6}{7}$

❶ 수조는 한 모서리의 길이가 21 cm인 정육면체 모양이므로 처음 물의 높이는 21 cm입니다.

(벽돌을 꺼낸 후 물의 높이)

$=\overset{3}{\cancel{21}}\times\frac{6}{\underset{1}{\cancel{7}}}=18$ (cm)

(낮아진 물의 높이)$=21-18=3$ (cm)

❷ (벽돌의 부피)

=(수조의 가로)×(수조의 세로)

×(낮아진 물의 높이)

$=21\times21\times3=1323$ (cm^3)

답 1323 cm^3

7
공간과 입체

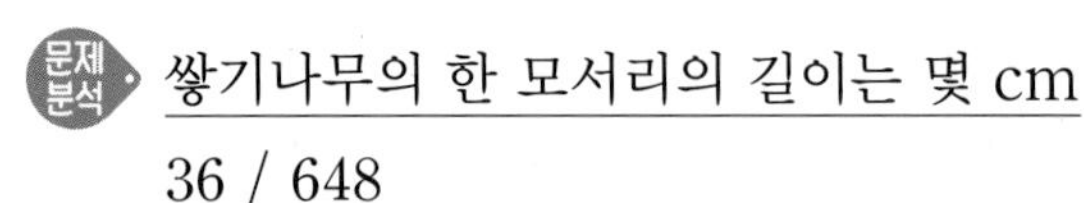 문제분석 쌓기나무의 한 모서리의 길이는 몇 cm

36 / 648

풀이 ❶ 2, 3 / 2, 3, 6, 72

❷ 72 / 72, 9

❸ 9 / 3

답 3

8
공간과 입체

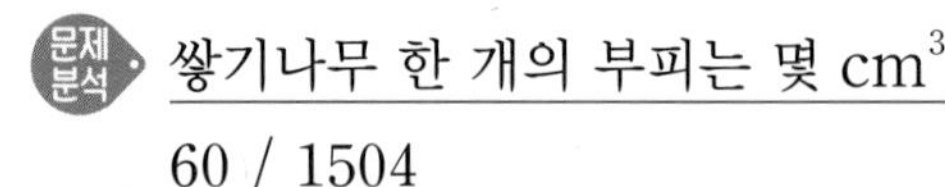 문제분석 쌓기나무 한 개의 부피는 몇 cm^3

60 / 1504

풀이

❶ 쌓기나무를 가로에 3개, 세로에 5개, 높이에 4개씩 놓았으므로 만든 직육면체의 겉넓이는 쌓기나무의 한 면의 넓이의

$(3\times5+5\times4+4\times3)\times2$

$=47\times2=94$(배)와 같습니다.

❷ (만든 직육면체의 겉넓이)

=(쌓기나무 한 면의 넓이)×94

$=1504$ (cm^2)

➡ (쌓기나무 한 면의 넓이)

$=1504\div94=16$ (cm^2)

❸ (쌓기나무 한 면의 넓이)

=(한 모서리의 길이)×(한 모서리의 길이)

$=16$ (cm^2)이고 $4\times4=16$이므로

쌓기나무의 한 모서리의 길이는 4 cm입니다.

❹ (쌓기나무의 부피)

=(한 모서리의 길이)×(한 모서리의 길이)

×(한 모서리의 길이)

$=4\times4\times4=64$ (cm^3)

답 64 cm^3

적용하기 102~105쪽

1
원의 넓이

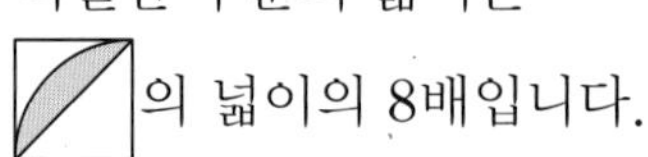

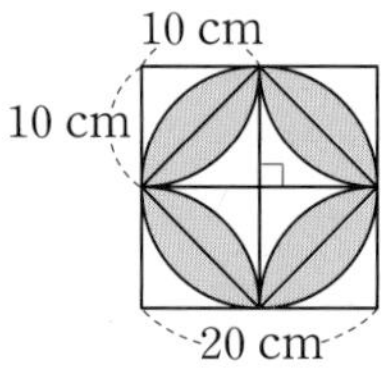

색칠한 부분의 넓이는 (그림)의 넓이의 8배입니다.

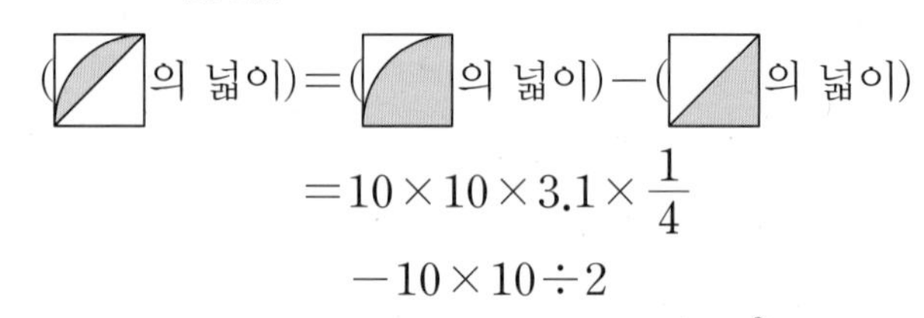

(그림의 넓이)=(그림의 넓이)−(그림의 넓이)

$=10\times10\times3.1\times\frac{1}{4}$

$-10\times10\div2$

$=77.5-50=27.5$ (cm^2)

➡ (색칠한 부분의 넓이)$=27.5\times8=220$ (cm^2)

답 220 cm^2

2
직육면체의 부피와 겉넓이

큰 직육면체의 부피에서 가운데 직육면체 모양 구멍의 부피를 뺍니다.

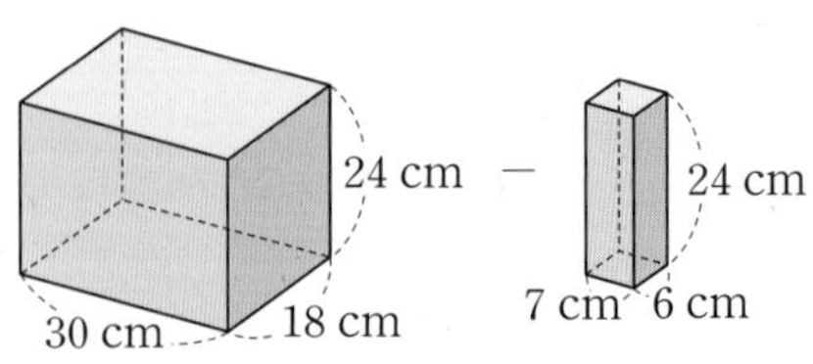

(큰 직육면체의 부피)

$=30\times18\times24=12960$ (cm^3)

(직육면체 모양 구멍의 부피)

$=7\times6\times24=1008$ (cm^3)

(입체도형의 부피)
=(큰 직육면체의 부피)
 −(직육면체 모양 구멍의 부피)
$=12960-1008=11952\ (\text{cm}^3)$

답 $11952\ \text{cm}^3$

3 소수의 나눗셈

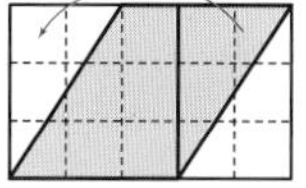
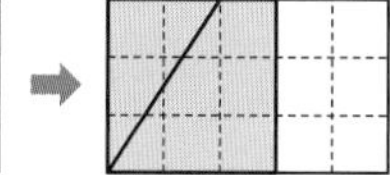

평행사변형의 넓이는 가장 작은 정사각형 9개의 넓이의 합과 같습니다.
(가장 작은 정사각형 한 개의 넓이)
$=12.96\div 9=1.44\ (\text{cm}^2)$
$1.44=1.2\times 1.2$이므로 가장 작은 정사각형 한 변의 길이는 1.2 cm입니다.
따라서 빨간색 선의 길이는 가장 작은 정사각형 한 변의 길이의 12배와 같으므로
$1.2\times 12=14.4\ (\text{cm})$입니다.

답 14.4 cm

4 분수의 나눗셈

전체 일의 양을 1이라 하면 두 사람이 각각 하루 동안 할 수 있는 일의 양은
지안: $\frac{1}{5}\div 6=\frac{1}{5}\times\frac{1}{6}=\frac{1}{30}$,
성은: $\frac{1}{9}\div 5=\frac{1}{9}\times\frac{1}{5}=\frac{1}{45}$입니다.
두 사람이 함께 하루 동안 할 수 있는 일의 양은
$\frac{1}{30}+\frac{1}{45}=\frac{3}{90}+\frac{2}{90}=\frac{5}{90}=\frac{1}{18}$입니다.
따라서 두 사람이 함께 이 일을 하여 모두 마치려면 $1\div\frac{1}{18}=1\times 18=18$(일)이 걸립니다.

답 18일

5 원의 넓이

음료수 캔의 밑면의 반지름을 □ cm라고 하면
□×□×3.14=113.04이고
□×□=113.04÷3.14=36,
6×6=36이므로 □=6 (cm)입니다.

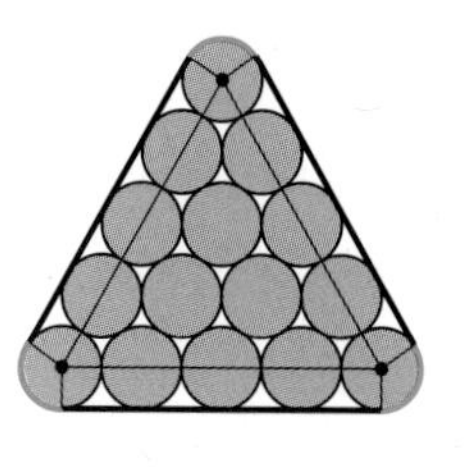

오른쪽 그림에서 초록색 곡선 부분의 길이의 합은 반지름이 6 cm인 원의 원주와 같고, 직선 부분의 길이의 합은 반지름 6 cm의 24배와 같습니다.
(필요한 빨간색 끈의 길이)
=(직선 부분의 길이의 합)+(곡선 부분의 길이의 합)
$=(6\times 24)+(6\times 2\times 3.14)$
$=144+37.68$
$=181.68\ (\text{cm})$

답 181.68 cm

6 직육면체의 부피와 겉넓이

주어진 입체도형의 겉넓이의 일부를 옮겨 봅니다.

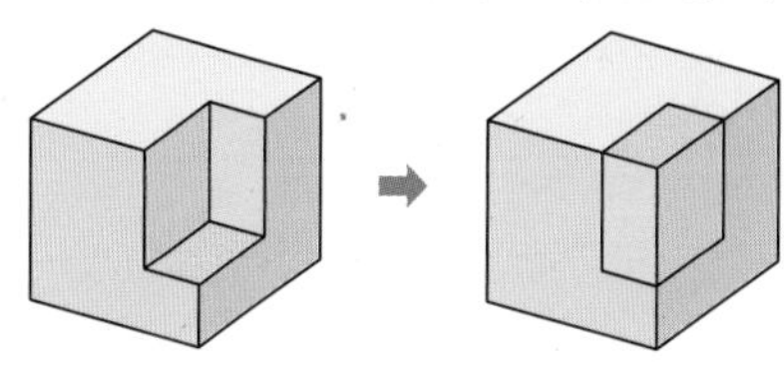

주어진 입체도형의 겉넓이는 잘라내기 전 정육면체의 겉넓이와 같습니다.
(잘라내기 전 정육면체의 겉넓이)
=(한 모서리의 길이가 15 cm인 정육면체의 겉넓이)
$=15\times 15\times 6=1350\ (\text{cm}^2)$

답 $1350\ \text{cm}^2$

7 분수의 나눗셈

두 사람의 시계는 하루 동안
$\frac{1}{4}+\frac{1}{6}=\frac{3}{12}+\frac{2}{12}=\frac{5}{12}$(분)씩
차이가 납니다.
두 사람의 시계가 가리키는 시각이 20분만큼 차이가 나게 되는 때는
$20\div\frac{5}{12}=\overset{4}{\cancel{20}}\times\frac{12}{\underset{1}{\cancel{5}}}=48$(일) 후입니다.
따라서 9월 1일 오전 10시부터 48일 후는
10월 19일 오전 10시입니다.

답 10월 19일 오전 10시

8

비례식과 비례배분

(톱니바퀴 ㉮의 톱니 수) : (톱니바퀴 ㉯의 톱니 수)
$=24:32=3:4$

➡ (톱니바퀴 ㉮의 회전수) : (톱니바퀴 ㉯의 회전수)
$=4:3$

톱니바퀴 ㉮가 12바퀴 도는 동안 톱니바퀴 ㉯는 □바퀴 돈다고 하여 비례식을 세웁니다.

$4:3=12:\square$ ➡ $4\times\square=3\times12$,
$4\times\square=36$, $\square=36\div4=9$(바퀴)

따라서 톱니바퀴 ㉮가 12바퀴 돌 때 톱니바퀴 ㉯는 9바퀴 돕니다.

답 9바퀴

참고 (톱니바퀴 ㉮의 톱니 수)×(톱니바퀴 ㉮의 회전수)
=(톱니바퀴 ㉯의 톱니 수)×(톱니바퀴 ㉯의 회전수)

9

공간과 입체

쌓기나무로 쌓은 모양을 위, 앞, 옆에서 본 모양은 다음과 같습니다.

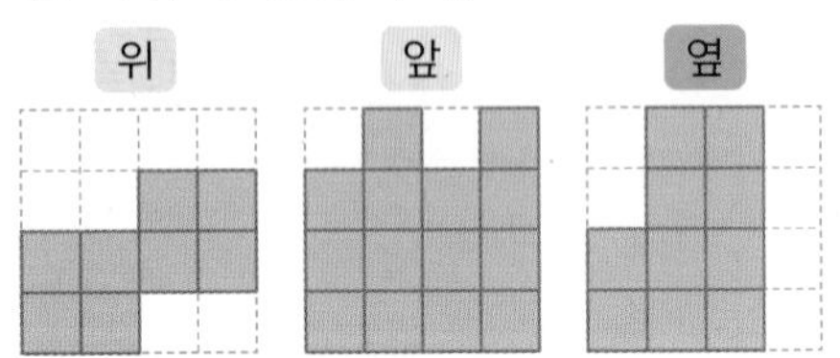

(페인트를 칠한 면의 수)
$=(8+14+10)\times2=64$(개)

(쌓기나무 한 개의 한 면의 넓이)$=3\times3$
$=9\ (\text{cm}^2)$

➡ (페인트를 칠한 면의 넓이)$=64\times9$
$=576\ (\text{cm}^2)$

답 $576\ \text{cm}^2$

참고 다음과 같이 쌓기나무 4개로 쌓은 모양의 겉면에 페인트를 칠했을 때

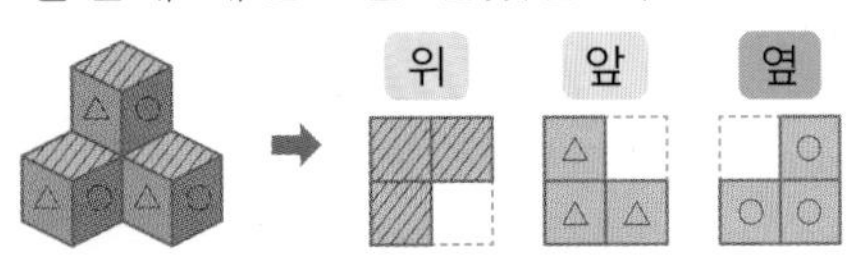

(페인트를 칠한 면의 수)
=(위, 앞, 옆에서 본 면의 수의 합)×2
$=(3+3+3)\times2=18$(개)

10

원의 넓이

육각형의 여섯 각의 크기의 합은 720°이고 $720°\div360°=2$이므로 원에서 색칠하지 않은 부분의 넓이의 합은 원 2개의 넓이의 합과 같습니다.

(색칠한 부분의 넓이의 합)
=(반지름이 6 cm인 원 6개의 넓이의 합)
−(반지름이 6 cm인 원 2개의 넓이의 합)
=(반지름이 6 cm인 원 4개의 넓이의 합)
$=6\times6\times3.1\times4=446.4\ (\text{cm}^2)$

답 $446.4\ \text{cm}^2$

도전, 창의사고력

106쪽

위에서 본 모양

앞에서 본 모양

옆에서 본 모양

모형 건물을 앞에서 본 모양의 전체 넓이는 뒤에서 본 모양의 전체 넓이와 같고, 모형 건물을 오른쪽 옆에서 본 모양의 전체 넓이는 왼쪽 옆에서 본 모양의 전체 넓이와 같습니다.

즉 바닥 면을 제외한 모형 건물의 겉넓이는
(위에서 본 모양의 전체 넓이)
+(앞에서 본 모양의 전체 넓이)×2
+(옆에서 본 모양의 전체 넓이)×2와 같습니다.

(위에서 본 모양의 전체 넓이)$=5\times8=40\ (\text{cm}^2)$
(앞에서 본 모양의 전체 넓이)$=5\times5=25\ (\text{cm}^2)$
(옆에서 본 모양의 전체 넓이)
$=3\times3+5\times5=9+25=34\ (\text{cm}^2)$

➡ (바닥 면을 제외한 모형 건물의 겉넓이)
$=40+25\times2+34\times2=158\ (\text{cm}^2)$

답 $158\ \text{cm}^2$

전략 이름 60제

1~10 108~111쪽

1 84 cm	**2** $3\frac{1}{5}$ cm	**3** 558 m
4 140명	**5** 7개	**6** 21 %
7 15.2 cm	**8** $3\frac{13}{15}$	**9** 149.6 cm
10 6		

1 그림을 그려 해결하기

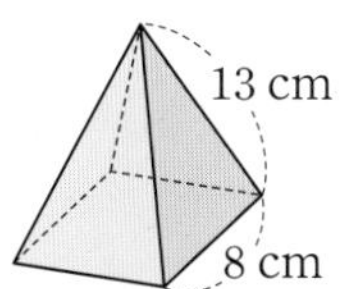

주어진 각뿔은 옆면이 4개이므로 밑면의 변의 수가 4개인 사각뿔입니다.
주어진 사각뿔에서 길이가 8 cm인 모서리와 길이가 13 cm인 모서리는 각각 4개입니다.
따라서 이 사각뿔의 모든 모서리 길이의 합은 $8\times4+13\times4=32+52=84$ (cm)입니다.

2 거꾸로 풀어 해결하기

(삼각형의 넓이)=(밑변의 길이)×(높이)÷2이므로
(높이)=(삼각형의 넓이)×2÷(밑변의 길이)입니다.

➡ (높이)$=2\frac{3}{5}\times2\div1\frac{5}{8}$
$=\frac{13}{5}\times2\div\frac{13}{8}=\frac{\overset{2}{\cancel{26}}}{5}\times\frac{8}{\underset{1}{\cancel{13}}}$
$=\frac{16}{5}=3\frac{1}{5}$ (cm)

3 식을 만들어 해결하기

(굴렁쇠의 원주)=(굴렁쇠의 지름)×(원주율)
$=0.5\times3.1=1.55$ (m)
굴렁쇠가 한 바퀴 구른 거리는 굴렁쇠의 원주와 같고 굴렁쇠가 집에서 학교까지 가는 데 360바퀴 굴렀으므로 집에서 학교까지의 거리는 $1.55\times360=558$ (m)입니다.

4 거꾸로 풀어 해결하기

축구를 좋아하는 학생은 42명이고 전체 학생의 30 % ➡ 0.3입니다.
전체 학생의 0.3만큼이 42명이므로 전체 학생은 $42\div0.3=140$(명)입니다.

전체 학생의 30 %가 42명이므로 전체 학생의 10 %는 $42\div3=14$(명)입니다.
따라서 전체 학생은 $14\times10=140$(명)입니다.

5 조건을 따져 해결하기

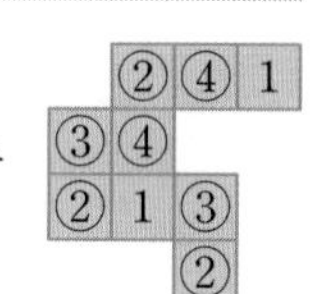

2층에 쌓은 쌓기나무의 수는 2 이상의 수가 쓰여 있는 칸 수와 같으므로 모두 7개입니다.

6 조건을 따져 해결하기

(가 도서관에 있는 동화책 수)
$=\overset{160}{\cancel{640}}\times\frac{\overset{1}{\cancel{25}}}{\underset{\underset{1}{\cancel{4}}}{\cancel{100}}}=160$(권)

(나 도서관에 있는 동화책 수)
$=160-13=147$(권)
(나 도서관에 있는 동화책 수의 백분율)
$=\frac{\overset{21}{\cancel{147}}}{\underset{\underset{1}{\cancel{7}}}{\cancel{700}}}\times\overset{1}{\cancel{100}}=21$ (%)

7 단순화하여 해결하기

(블록의 부피)$=8\times8\times8=512$ (cm^3)
블록을 물에 잠기게 넣으면 블록의 부피만큼 전체 부피가 늘어납니다.
블록을 넣을 때 물의 높이가 □ cm만큼 높아진다고 하면 $10\times16\times\square=512$이므로
$160\times\square=512$, $\square=512\div160=3.2$ (cm)입니다.
따라서 블록을 물에 잠기게 넣으면 물의 높이가 $12+3.2=15.2$ (cm)가 됩니다.

8 식을 만들어 해결하기

가에 $\frac{5}{6}$를 넣고, 나에 $\frac{3}{8}$을 넣어 계산합니다.

$$\frac{5}{6}♥\frac{3}{8}=\left(\frac{5}{6}+\frac{3}{8}\right)\div\left(\frac{5}{\cancel{6}_{2}}\times\frac{\cancel{3}^{1}}{8}\right)$$
$$=\left(\frac{20}{24}+\frac{9}{24}\right)\div\frac{5}{16}=\frac{29}{24}\div\frac{5}{16}$$
$$=\frac{29}{\cancel{24}_{3}}\times\frac{\cancel{16}^{2}}{5}=\frac{58}{15}=3\frac{13}{15}$$

9 식을 만들어 해결하기

(옆면의 가로)$=376.8\div12=31.4$ (cm)
전개도에서 옆면의 가로는 한 밑면의 둘레와 같으므로 한 밑면의 둘레는 31.4 cm입니다.
(전개도의 둘레)
$=$(한 밑면의 둘레)$\times2+$(옆면의 둘레)
$=31.4\times2+(31.4+12)\times2=62.8+86.8$
$=149.6$ (cm)

10 거꾸로 풀어 해결하기

• $5\frac{5}{8}$를 곱하기 전의 수:

$$4\frac{1}{2}\div5\frac{5}{8}=\frac{9}{2}\div\frac{45}{8}=\frac{\cancel{9}^{1}}{\cancel{2}_{1}}\times\frac{\cancel{8}^{4}}{\cancel{45}_{5}}=\frac{4}{5}$$

어떤 수를 □라 하면
$\frac{10-□}{11-□}=\frac{4}{5}$이므로 □$=6$입니다.

11 단순화하여 해결하기

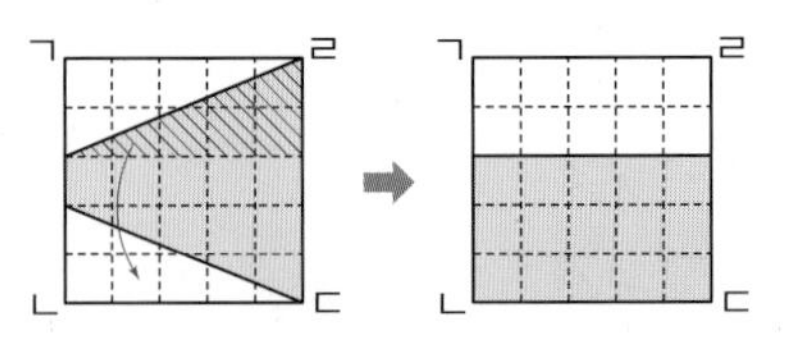

위의 그림과 같이 빗금 친 부분을 옮기면 색칠한 부분의 넓이는 가장 작은 정사각형 15개의 넓이와 같습니다.
(가장 작은 정사각형 한 개의 넓이)
$=2\frac{1}{3}\div15=\frac{7}{3}\div15=\frac{7}{3}\times\frac{1}{15}$
$=\frac{7}{45}$ (cm^2)
(정사각형 ㄱㄴㄷㄹ의 넓이)
$=\frac{7}{\cancel{45}_{9}}\times\cancel{25}^{5}=\frac{35}{9}=3\frac{8}{9}$ (cm^2)

12 조건을 따져 해결하기

(키가 150 cm인 사람의 표준 몸무게)
$=(150-100)\div1\frac{1}{9}=50\div\frac{10}{9}$
$=\cancel{50}^{5}\times\frac{9}{\cancel{10}_{1}}=45$ (kg)
따라서 키가 150 cm인 사람의 경도 비만 몸무게의 범위는
$45\times1.2=54$ (kg) 이상
$45\times1.3=58.5$ (kg) 미만입니다.

13 거꾸로 풀어 해결하기

딸기를 좋아하는 학생은 전체 학생의
$100-(40+19+8)=33$ (%) ➡ 0.33입니다.
전체 학생의 0.33만큼이 66명이므로 전체 학생은 $66\div0.33=200$(명)입니다.
따라서 복숭아를 좋아하는 학생은 전체 학생의 19 %이므로 $\cancel{200}^{2}\times\frac{19}{\cancel{100}_{1}}=38$(명)입니다.

14 식을 만들어 해결하기

밑면의 모양을 □각형이라고 하면
각기둥의 모서리는 (□$\times3$)개이고,
각뿔의 모서리는 (□$\times2$)개이므로
□$\times3+$□$\times2=40$(개)입니다.

11~20 112~115쪽

11 $3\frac{8}{9}$ cm^2 **12** 54 kg 이상 58.5 kg 미만
13 38명 **14** 8개 **15** 6.104
16 560 cm^3 **17** 460 cm^2 **18** 352개
19 6 **20** 7 : 5

$\square+\square+\square+\square+\square=40$이므로,
$\square\times5=40$, $\square=40\div5=8$(개)입니다.
따라서 각뿔의 밑면의 변의 수는 8개입니다.

15 거꾸로 풀어 해결하기

어떤 수를 $\square$라 하면
$\square\div0.9=83.4\cdots0.017$입니다.
$0.9\times83.4+0.017=75.077$이므로 어떤 수는 75.077입니다.
$75.077\div12.3=6.1038\cdots\cdots$이므로
몫을 반올림하여
소수 셋째 자리까지 나타내면 6.104입니다.

16 단순화하여 해결하기

큰 직육면체의 부피에서 잘라낸 직육면체 모양의 부피를 뺍니다.

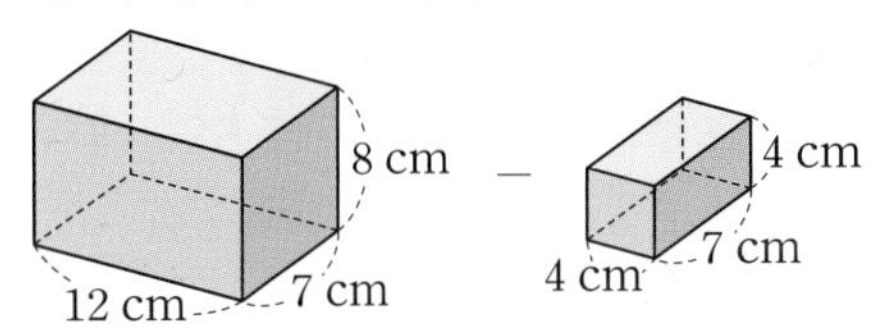

(큰 직육면체의 부피)
$=12\times7\times8=672$ (cm^3)
(작은 직육면체의 부피)
$=4\times7\times4=112$ (cm^3)
(입체도형의 부피)
=(큰 직육면체의 부피)
−(작은 직육면체의 부피)
$=672-112=560$ (cm^3)

17 조건을 따져 해결하기

(색칠된 면의 수)
$=(4\times3+3\times2+2\times4)\times2=52$(개)
색칠된 면의 넓이의 합이 260 cm^{2}이므로
(쌓기나무 한 면의 넓이)
$=260\div52=5$ (cm^2)입니다.
(쌓기나무 24개의 면의 수)$=24\times6$
$=144$(개)
(색칠되지 않은 면의 수)$=144-52$
$=92$(개)
(색칠되지 않은 면의 넓이의 합)
$=5\times92=460$ (cm^2)

18 식을 만들어 해결하기

1 km=1000 m이므로 0.28 km=280 m입니다.
(가로등 사이의 간격 수)
=(도로의 길이)÷(가로등 사이의 거리)
$=280\div1.6=175$(군데)
(도로 한쪽에 세우는 가로등의 수)
=(가로등 사이의 간격 수)+1
$=175+1=176$(개)
(도로 양쪽에 세우는 가로등의 수)
$=176\times2=352$(개)
따라서 필요한 가로등은 모두 352개입니다.

19 그림을 그려 해결하기

두 입체도형을 앞에서 본 모양은 각각 다음과 같습니다.

• 원뿔을 앞에서 본 모양

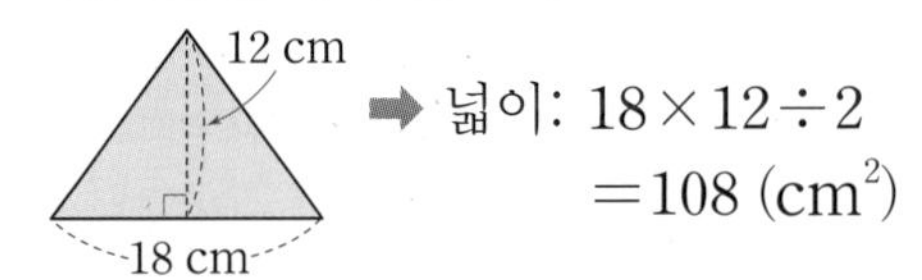

• 원기둥을 앞에서 본 모양

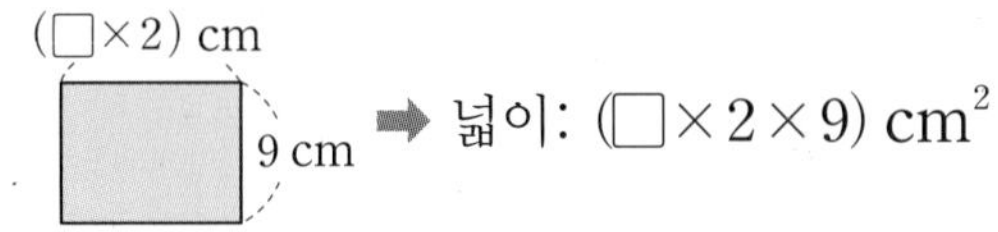

두 입체도형을 앞에서 본 모양의 넓이가 같으므로 $108=\square\times2\times9$, $\square\times18=108$,
$\square=108\div18=6$ (cm)입니다.

20 단순화하여 해결하기

책 한 권의 전체 양을 1이라고 할 때 동훈이가 하루에 읽은 책의 양은 $\frac{1}{40}$이고, 서진이가 하루에 읽은 책의 양은 $\frac{1}{56}$입니다.
(동훈이가 하루에 읽은 책의 양) : (서진이가 하루에 읽은 책의 양)$=\frac{1}{40}:\frac{1}{56}$
40과 56의 최소공배수 280을 각 항에 곱하여 간단한 자연수의 비로 나타내면 7 : 5입니다.

21~30	116~119쪽

21 18분 30초 **22** 30000원
23 13.2 cm **24** 28.26 cm^2
25 10, 11 **26** 1.37 **27** 4배
28 4 **29** 8가지 **30** 345 cm^3

21 단순화하여 해결하기

(1분 동안 줄어드는 지안이와 동진이 사이의 거리)=70+90=160 (m)
(지안이네 집과 동진이네 집 사이의 거리)
=2.96 km=2960 m
(지안이와 동진이가 만나는 데 걸리는 시간)
=2960÷160=18.5(분) ➡ 18분 30초

22 거꾸로 풀어 해결하기

곰인형의 정가는 3500원을 할인하기 전 가격인 34000+3500=37500(원)입니다.
원가에 25 %의 이익을 붙여 정가를 정했으므로 정가는 원가의 125 % ➡ 1.25입니다.
원가를 □원이라 하면 □×1.25=37500이므로 □=37500÷1.25=30000(원)입니다.
따라서 장난감의 원가는 30000원입니다.

23 조건을 따져 해결하기

여름과 겨울을 좋아하는 학생은 전체 학생의 100−(19+15)=66 (%)입니다.
겨울을 좋아하는 학생 수의 백분율을 □%라 하면 여름을 좋아하는 학생 수의 백분율은 (□×2) %이므로 □×2+□=66,
□×3=66, □=66÷3=22 (%)입니다.
즉 여름을 좋아하는 학생 수의 백분율은 22×2=44 (%)입니다.
여름을 좋아하는 학생은 전체 학생의 44 %
➡ 0.44이므로 전체 길이가 30 cm인 띠그래프에서 여름이 차지하는 길이는
30×0.44=13.2 (cm)입니다.

24 예상과 확인으로 해결하기

가로와 세로의 비가 3 : 2인 가로와 세로를 예상하고 넓이가 216 cm^2인 경우를 찾습니다.

가로 (cm)	3	6	9	12	15	18	……
세로 (cm)	2	4	6	8	10	12	……
넓이 (cm^2)	6	24	54	96	150	216	……

➡ 가로가 18 cm, 세로가 12 cm일 때 넓이가 216 cm^2가 됩니다.
12 : (태극의 지름)=2 : 1이므로
(태극의 지름)×2=12,
(태극의 지름)=12÷2=6 (cm)입니다.
따라서 태극의 반지름은 6÷2=3 (cm)이므로 태극의 넓이는
3×3×3.14=28.26 (cm^2)입니다.

25 조건을 따져 해결하기

몫의 범위는 몫을 반올림하여 일의 자리까지 나타내면 7이 되는 수의 범위와 같으므로 6.5 이상 7.5 미만입니다.
소수 첫째 자리까지 구한 몫이 6.5일 때 나누어지는 수는 6.5×1.5=9.75이고,
소수 첫째 자리까지 구한 몫이 7.5일 때 나누어지는 수는 7.5×1.5=11.25이므로
★.24가 될 수 있는 수의 범위는
9.75 이상 11.25 미만입니다.
9.75 이상 11.25 미만인 수 중 ★.24인 수는 10.24, 11.24이므로
★에 알맞은 수는 10, 11입니다.

26 조건을 따져 해결하기

■÷▲=7이므로 ■=▲×7입니다.
■+▲=54.8에서 ■=▲×7이므로
▲×7+▲=54.8, ▲×8=54.8,
▲=54.8÷8=6.85입니다.
따라서 ▲÷5=6.85÷5=1.37입니다.

27 예상과 확인으로 해결하기

처음 정육면체의 한 모서리의 길이를 1 cm라고 하면 정육면체의 부피는
1×1×1=1 (cm^3)입니다.
각 모서리의 길이를 2배, 3배, 4배, ……로 늘인다고 예상하고 확인해 봅니다.
[예상1] 각 모서리의 길이를 2배로 늘이면 부피는 2×2×2=8 (cm^3)이므로
처음 부피의 8배가 됩니다. (×)

[예상2] 각 모서리의 길이를 3배로 늘이면 부피는 $3\times3\times3=27$ (cm^3)이므로
처음 부피의 27배가 됩니다. (×)
[예상3] 각 모서리의 길이를 4배로 늘이면 부피는 $4\times4\times4=64$ (cm^3)이므로
처음 부피의 64배가 됩니다. (○)
따라서 처음 정육면체의 각 모서리의 길이를 4배로 늘였습니다.

28 규칙을 찾아 해결하기

나누어지는 수가 작을수록 나누는 수가 클수록 몫이 작습니다.
수 카드의 크기를 비교해 보면
$2<3<4<6<7$이므로
나누어지는 수가 23.4이고
나누는 수가 7일 때 몫이 가장 작습니다.
$23.4\div7=3.3428571428571\cdots\cdots$이므로
몫의 소수 둘째 자리부터
6개의 수 4, 2, 8, 5, 7, 1이 반복됩니다.
$50-1=49$, $49\div6=8\cdots1$이므로 몫의 소수 50째 자리 숫자는 몫의 소수 둘째 자리 숫자와 같은 4입니다.

29 조건을 따져 해결하기

$15\div\frac{♣}{4}=15\times\frac{4}{♣}=\frac{60}{♣}=■$이고,

♣와 ■가 자연수이므로 ♣에 알맞은 수는 60의 약수입니다.

60의 약수: 1, 2, 3, 4, 5, 6, 10, 12, 15, 20, 30, 60

$\frac{♣}{4}$는 자연수로 나타낼 수 없으므로 ♣에 알맞은 수는 4의 배수가 아닙니다.
따라서 ♣가 될 수 있는 수는 1, 2, 3, 5, 6, 10, 15, 30이고 (♣, ■)로 짝지어 보면
(1, 60), (2, 30), (3, 20), (5, 12), (6, 10), (10, 6), (15, 4), (30, 2)로 모두 8가지입니다.

30 규칙을 찾아 해결하기

직육면체의 가로, 세로, 높이의 규칙을 알아 봅니다.

순서	첫 번째	두 번째	세 번째	네 번째	……
가로 (cm)	1	3	5	7	……
세로 (cm)	2	5	8	11	……
높이 (cm)	1	1	1	1	……

가로는 2 cm씩, 세로는 3 cm씩 늘어나고
높이는 항상 1 cm인 규칙입니다.
따라서 8번째에 그린 직육면체의
가로는 $1+2\times7=1+14=15$ (cm),
세로는 $2+3\times7=2+21=23$ (cm),
높이는 1 cm이므로
부피는 $15\times23\times1=345$ (cm^3)입니다.

31~40 (120~123쪽)

31 $2\frac{41}{64}$ cm^2	**32** 4408 cm^2
33 6	**34** 16 m 10 cm
35 16 %	**36** $121\frac{1}{4}$ kg
37 1260 cm^3	**38** $12\frac{3}{5}$ m
39 8 cm	**40** 7500원

31 식을 만들어 해결하기

가장 작은 직사각형의 세로를 □ cm라 하면

(□×5) cm
□ cm

가장 작은 직사각형의 가로는 세로의 5배이므로 (□×5) cm입니다.

$(□\times5+□)\times2=3\frac{9}{10}$,

$(□\times6)\times2=\frac{39}{10}$, $□\times12=\frac{39}{10}$,

$□=\frac{39}{10}\div12=\frac{\overset{13}{\cancel{39}}}{10}\times\frac{1}{\underset{4}{\cancel{12}}}=\frac{13}{40}$ (cm)

정사각형의 한 변의 길이는 가장 작은 직사각형의 가로와 같으므로

$\frac{13}{\underset{8}{\cancel{40}}}\times\overset{1}{\cancel{5}}=\frac{13}{8}=1\frac{5}{8}$ (cm)입니다.

➡ (정사각형의 넓이)$=1\frac{5}{8}\times1\frac{5}{8}$
$=\frac{13}{8}\times\frac{13}{8}=\frac{169}{64}$
$=2\frac{41}{64}$ (cm^2)

32 식을 만들어 해결하기

(도화지의 넓이)$=80\times80=6400$ (cm^2)
직육면체의 전개도의 넓이는 직육면체의 겉넓이와 같습니다.
(전개도의 넓이)
$=(22\times18+18\times15+15\times22)\times2$
$=1992$ (cm^2)
따라서 전개도를 오려내고 남은 도화지의 넓이는 $6400-1992=4408$ (cm^2)입니다.

33 예상과 확인으로 해결하기

주어진 직육면체에서 빗금 친 면을 한 밑면이라고 하면
(직육면체의 겉넓이)
$=$(한 밑면의 넓이)$\times2+$(옆면의 넓이)
$=468$ (cm^2)이므로
$54\times2+$(한 밑면의 둘레)$\times12$
$=108+$(한 밑면의 둘레)$\times12=468$,
(한 밑면의 둘레)$\times12=360$,
(한 밑면의 둘레)$=360\div12$
$=30$ (cm)입니다.
(한 밑면의 둘레)$=(($가로$)+($세로$))\times2=30$이므로 (가로)$+$(세로)$=30\div2=15$ (cm)입니다.
합이 15 cm가 되도록 직육면체의 가로와 세로를 예상하여 넓이가 54 cm^{2}인 경우를 찾습니다.

가로 (cm)	1	2	3	4	5	6	7
세로 (cm)	14	13	12	11	10	9	8
넓이 (cm^2)	14	26	36	44	50	54	56

따라서 가로는 6 cm이고, 세로는 9 cm입니다.
➡ □$=6$

34 단순화하여 해결하기

사용한 리본의 길이 중 직육면체의 가로, 세로, 높이와 길이가 같은 부분이 각각 몇 군데인지 세어 봅니다.

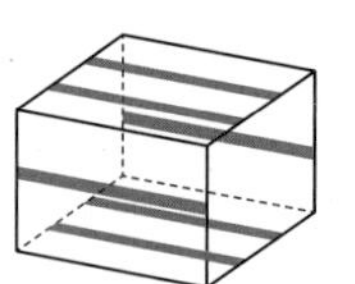
125 cm: 6군데

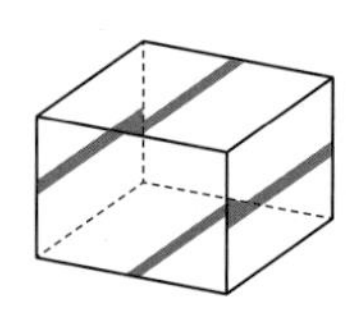
80 cm: 4군데

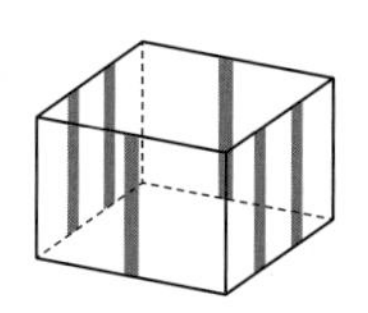
90 cm: 6군데

따라서 필요한 리본은 적어도
$125\times6+80\times4+90\times6$
$=750+320+540=1610$ (cm)
➡ 16 m 10 cm입니다.

35 조건을 따져 해결하기

운동: $\frac{\overset{1}{\cancel{8}}}{\underset{\underset{1}{\cancel{5}}}{\cancel{40}}}\times\overset{20}{\cancel{100}}=20$ (%)

기타: $\frac{\overset{1}{\cancel{2}}}{\underset{\underset{1}{\cancel{20}}}{\cancel{40}}}\times\overset{5}{\cancel{100}}=5$ (%)

독서: $20\times1.75=35$ (%)
취미가 여행인 학생 수와 게임인 학생 수의 백분율의 합은 $100-(35+20+5)=40$ (%)입니다.
취미가 여행인 학생 수와 게임인 학생 수의 비가 $3:2$이므로 취미가 여행인 학생 수의 백분율을 (□$\times3$) %라 하면 취미가 게임인 학생 수의 백분율은 (□$\times2$) %입니다.
➡ (□$\times3$)$+$(□$\times2$)$=40$ (%)이므로
□$\times5=40$, □$=8$ (%)입니다.
따라서 취미가 게임인 학생은 전체의
$8\times2=16$ (%)입니다.

36 조건을 따져 해결하기

(㉯의 무게)$=32.5-1\frac{1}{4}=32\frac{5}{10}-1\frac{1}{4}$
$=32\frac{1}{2}-1\frac{1}{4}=32\frac{2}{4}-1\frac{1}{4}$
$=31\frac{1}{4}$ (kg)
(㉯의 무게)$=$(㉮의 무게)$\times\frac{5}{6}$
➡ (㉮의 무게)$=$(㉯의 무게)$\div\frac{5}{6}$
$=31\frac{1}{4}\div\frac{5}{6}=\frac{\overset{25}{\cancel{125}}}{\underset{2}{\cancel{4}}}\times\frac{\overset{3}{\cancel{6}}}{\underset{1}{\cancel{5}}}=\frac{75}{2}$
$=37\frac{1}{2}$ (kg)

(㉮의 무게)=(㉰의 무게)$\times\frac{5}{7}$

➡ (㉰의 무게)=(㉮의 무게)$\div\frac{5}{7}$

$=37\frac{1}{2}\div\frac{5}{7}=\frac{\overset{15}{\cancel{75}}}{2}\times\frac{7}{\underset{1}{\cancel{5}}}=\frac{105}{2}$

$=52\frac{1}{2}$ (kg)

따라서 ㉮, ㉯, ㉰의 무세의 합은

$37\frac{1}{2}+31\frac{1}{4}+52\frac{1}{2}$

$=37\frac{2}{4}+31\frac{1}{4}+52\frac{2}{4}$

$=120\frac{5}{4}=121\frac{1}{4}$ (kg)입니다.

37 단순화하여 해결하기

넘친 물의 부피는 오른쪽 그림에서 빗금 친 부분의 부피와 같습니다.

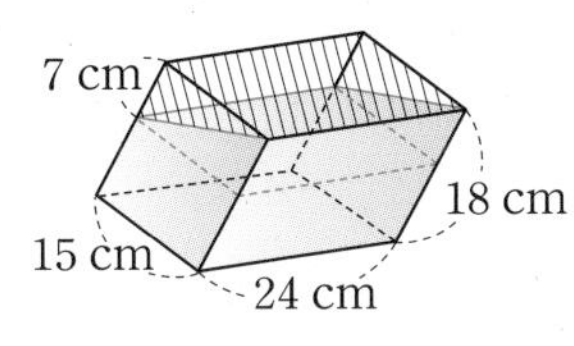

빗금 친 부분의 부피는 가로 15 cm, 세로 24 cm, 높이 7 cm인 직육면체의 부피의 $\frac{1}{2}$입니다.

따라서 넘친 물의 부피는

$15\times\overset{12}{\cancel{24}}\times7\times\frac{1}{\underset{1}{\cancel{2}}}=1260$ (cm^3)입니다.

38 거꾸로 풀어 해결하기

지아가 처음에 가지고 있던 리본의 길이를 □ m라고 하면

$\square\times(1-\frac{4}{7})\times(1-\frac{8}{9})=\frac{3}{5}$,

$\square\times\frac{\overset{1}{\cancel{3}}}{7}\times\frac{1}{\underset{3}{\cancel{9}}}=\frac{3}{5}$, $\square\times\frac{1}{21}=\frac{3}{5}$,

$\square=\frac{3}{5}\div\frac{1}{21}=\frac{3}{5}\times21=\frac{63}{5}=12\frac{3}{5}$ (m)

입니다.

따라서 지아가 처음에 가지고 있던 리본의 길이는 $12\frac{3}{5}$ m입니다.

39 조건을 따져 해결하기

평행선 사이의 거리는 일정하므로 길이가 12 cm인 변이 삼각형의 밑변일 때 삼각형의 높이와 사다리꼴의 높이는 같습니다.

평행선 사이의 거리를 □ cm라 하여

삼각형 넓이와 사다리꼴 넓이의 비를 나타내면

(12×□÷2) : ((㉠+13)×□÷2)

➡ 12 : (㉠+13)입니다.

12 : (㉠+13)=4 : 7이므로

12×7=(㉠+13)×4, (㉠+13)×4=84,

㉠+13=84÷4=21,

㉠=21−13=8 (cm)입니다.

40 식을 만들어 해결하기

상품 ㉮의 원가를 □원이라고 하면

원가에 10 %의 이익을 붙인 금액은

□×(1+0.1)=(□×1.1)원입니다.

상품 ㉯의 원가 6600원에 25 %의 이익을 붙인 금액은

6600×(1+0.25)=6600×1.25=8250(원)입니다.

➡ □×1.1=8250이므로

□=8250÷1.1=7500(원)입니다.

따라서 상품 ㉮의 원가는 7500원입니다.

41~50 124~127쪽

41 610.4 km	**42** 10 %	
43 30 cm^2	**44** 1884 cm	
45 147개	**46** 2.5°	**47** 30 cm^2
48 12개	**49** 220개	**50** 23개

41 식을 만들어 해결하기

㉮ 자동차는 연료 1 L로 14 km를 갈 수 있으므로 763 km를 가는 데 필요한 연료의 양은 763÷14=54.5 (L)입니다.

㉯ 자동차는 연료 1 L로 22.4 km를 갈 수 있으므로 54.5÷2=27.25 (L)의 연료로 27.25×22.4=610.4 (km)를 갈 수 있습니다.

42 거꾸로 풀어 해결하기

(새로 그린 직사각형의 가로)

$=30\times(1+0.2)=30\times1.2=36$ (cm)

새로 그린 직사각형의 세로를 □ cm라 하면

$36\times\square=777.6$이므로

$\square=777.6\div36=21.6$ (cm)입니다.

세로는 $24-21.6=2.4$ (cm)만큼 줄었으므로 세로가 줄어든 비율은 $\frac{2.4}{24}=\frac{24}{240}=\frac{1}{10}$ 입니다.

따라서 새로 그린 직사각형의 세로는 처음 직사각형의 세로에서 $\frac{1}{10}\times100=10$ (%)만큼 줄어들었습니다.

43 식을 만들어 해결하기

높이가 같은 세 삼각형의 넓이의 비는 밑변의 길이의 비와 같습니다.

(삼각형 ㄱㄴㄹ의 넓이) : (삼각형 ㄱㄹㅁ의 넓이)$=4:3$

(삼각형 ㄱㄹㅁ의 넓이) : (삼각형 ㄱㅁㄷ의 넓이)$=3:5$

➡ (삼각형 ㄱㄴㄷ의 넓이) : (삼각형 ㄱㅁㄷ의 넓이)

$=(4+3+5):5=12:5$

삼각형 ㄱㄴㄷ의 넓이가 72 cm^2이므로 색칠한 삼각형 ㄱㅁㄷ의 넓이를 □ cm^2라 하여 비례식을 세우면 $12:5=72:\square$입니다.

$12\times\square=5\times72$이므로 $12\times\square=360$,

$\square=360\div12=30$ (cm^2)입니다.

따라서 색칠한 삼각형의 넓이는 30 cm^2입니다.

44 그림을 그려 해결하기

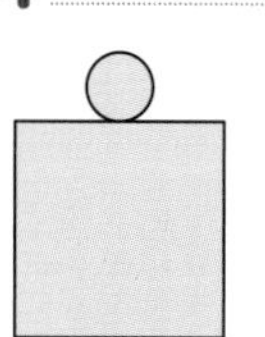

원기둥의 전개도를 그리면 왼쪽과 같습니다.

(옆면의 가로)

=(옆면의 세로)

=(반지름이 50 cm인 원의 둘레)

$=50\times2\times3.14=314$ (cm)

➡ (원기둥의 전개도의 둘레)

=(한 밑면의 둘레)$\times2+$(옆면의 둘레)

$=314\times2+314\times4$

$=314\times6=1884$ (cm)

45 식을 만들어 해결하기

호진이가 가지고 있는 초콜릿을 $(\square\times10)$개라 하면 성은이가 가지고 있는 초콜릿은 $(\square\times7)$개라고 할 수 있습니다.

두 사람이 가지고 있는 초콜릿 수의 차가 63개이고 $(\square\times10)-(\square\times7)=(\square\times3)$이므로

$\square\times3=63$, $\square=63\div3=21$(개)입니다.

따라서 성은이가 가지고 있는 초콜릿은

$21\times7=147$(개)입니다.

46 식을 만들어 해결하기

긴바늘이 한 바퀴 도는 데 걸리는 시간은 1시간(=60분)입니다.

60분 동안 긴바늘은 한 바퀴 즉 360°를 움직이고, 짧은바늘은 숫자 눈금 한 칸만큼인 $360°\div12=30°$를 움직입니다.

짧은바늘이 60분 동안 30°만큼 움직이므로 짧은바늘이 5분 동안 움직이는 각도를 □°라 하여 비례식을 세우면 $60:30°=5:\square°$입니다.

$60\times\square°=30°\times5$이므로 $60\times\square°=150°$,

$\square=150°\div60=2.5°$입니다.

따라서 5분 동안 짧은바늘은 2.5° 움직입니다.

47 단순화하여 해결하기

색칠한 부분의 넓이를 다음과 같이 나누어 구할 수 있습니다.

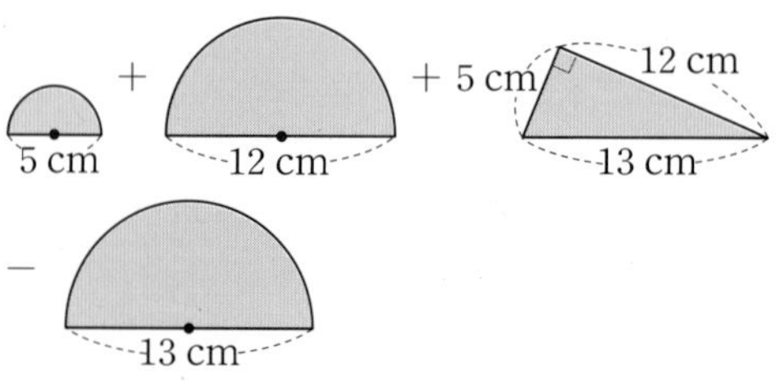

(색칠한 부분의 넓이)

$=(2.5\times2.5\times3\div2)+(6\times6\times3\div2)$

$+(5\times12\div2)-(6.5\times6.5\times3\div2)$

$=9.375+54+30-63.375$

$=30$ (cm^2)

48 예상과 확인으로 해결하기

[예상1] 흰색 구슬 수를 6개라고 예상하면
(흰색 구슬 6개의 무게)$=4.5\times6=27$ (g)
(파란색 구슬의 무게의 합)$=96-27=69$ (g)
(파란색 구슬의 수)$=69\div5=13.8$(개)
➡ 자연수가 아닙니다. (×)
[예상2] 흰색 구슬 수를 8개라고 예상하면
(흰색 구슬 8개의 무게)$=4.5\times8=36$ (g)
(파란색 구슬의 무게의 합)$=96-36=60$ (g)
(파란색 구슬의 수)$=60\div5=12$(개)
➡ 자연수입니다. (○)
따라서 파란색 구슬은 12개입니다.

(참고) 구슬의 수는 자연수이어야 합니다.

49 규칙을 찾아 해결하기

순서에 따라 사용한 쌓기나무 수의 규칙을 찾아봅니다.
첫 번째: 1개
두 번째: $1+3=4$(개)
세 번째: $1+3+6=10$(개)
네 번째: $1+3+6+10=20$(개)
다섯 번째: $1+3+6+10+15=35$(개)
⋮
➡ 순서가 한 번씩 늘어날 때마다 쌓기나무 수가 3개, 6개, 10개, 15개, …… 늘어납니다.
(+3, +4, +5)
따라서 10번째 모양을 만드는 데 필요한 쌓기나무는
$1+3+6+10+15+21+28+36+45+55$
$=220$(개)입니다.

(참고) 쌓기나무의 수를 층별로 세어 봅니다.

50 조건을 따져 해결하기

쌓은 쌓기나무의 수를 확실히 알 수 있는 곳을 찾아 위에서 본 모양의 각 칸에 쌓기나무의 수를 쓰면 오른쪽과 같습니다.

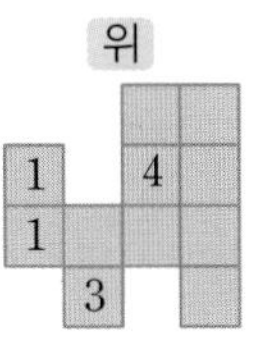

• 쌓기나무 수가 가장 많은 경우

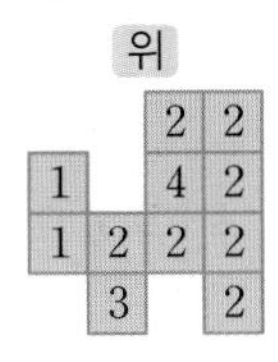

➡ $2+2+1+4+2+1+2+2+2+3+2$
$=23$(개)

51~60		128~131쪽
51 163.26 cm^2	**52** 19.8 cm^2	
53 26.4 cm	**54** 538.3 cm^2	
55 120	**56** 5 cm	**57** 744 cm^3
58 143	**59** 11 : 6	**60** 82.5 cm

51 그림을 그려 해결하기

원이 지나가는 자리를 그리면 오른쪽과 같습니다.

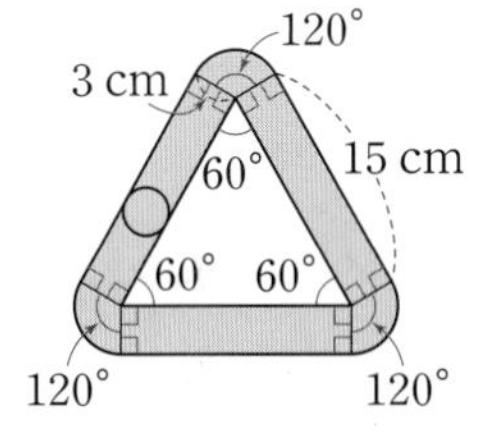

$360°-60°-90°-90°$
$=120°$이고
$120°+120°+120°$
$=360°$이므로
삼각형의 꼭짓점에 있는 원의 일부분을 합하면 반지름이 3 cm인 원 한 개가 됩니다.
(원이 지나가는 자리의 넓이)
=(반지름이 3 cm인 원의 넓이)
+(가로가 15 cm, 세로가 3 cm인 직사각형 3개의 넓이)
$=(3\times3\times3.14)+(15\times3)\times3$
$=28.26+135=163.26$ (cm^2)

52 단순화하여 해결하기

겹쳐진 부분은 오른쪽 그림에서 빗금 친 부분의 넓이의 2배입니다.

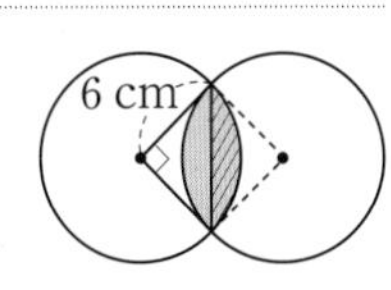

빗금 친 부분의 넓이는 다음과 같이 구할 수 있습니다.

(빗금 친 부분의 넓이)
$=6\times6\times3.1\times\frac{1}{4}-6\times6\div2$
$=27.9-18=9.9$ (cm^2)
따라서 색칠한 부분의 넓이는
$9.9\times2=19.8$ (cm^2)입니다.

53 그림을 그려 해결하기

ㄷ은 선분 ㄱㄴ을 8칸으로 나눈 후 표시해야 하고, ㄹ은 선분 ㄱㄴ을 12칸으로 나눈 후 표시해야 하므로 선분 ㄱㄴ을 8과 12의 최소공배수인 24칸으로 나누어 봅니다.

ㄷ은 선분 ㄱㄴ을 5 : 3의 비로 나눈 위치에 있습니다.

➡ $\overset{3}{\cancel{24}}\times\dfrac{5}{\underset{1}{\cancel{8}}}=15$, $\overset{3}{\cancel{24}}\times\dfrac{3}{\underset{1}{\cancel{8}}}=9$ ➡ 15 : 9

ㄹ은 선분 ㄱㄴ을 5 : 7의 비로 나눈 위치에 있습니다.

➡ $\overset{2}{\cancel{24}}\times\dfrac{5}{\underset{1}{\cancel{12}}}=10$, $\overset{2}{\cancel{24}}\times\dfrac{7}{\underset{1}{\cancel{12}}}=14$ ➡ 10 : 14

ㄷ과 ㄹ을 선분 ㄱㄴ에 표시하면 다음과 같습니다.

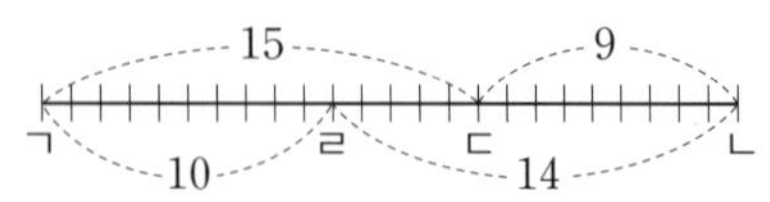

선분 ㄷㄹ의 길이는 5칸이고 5.5 cm이므로 한 칸의 길이는 5.5÷5=1.1 (cm)입니다.
따라서 선분 ㄱㄴ의 길이는
1.1×24=26.4 (cm)입니다.

54 단순화하여 해결하기

색칠한 부분을 4개의 부분으로 나누면 ㉢과 ㉣은 각각 가로가 24 cm, 세로가 5 cm인 직사각형입니다.

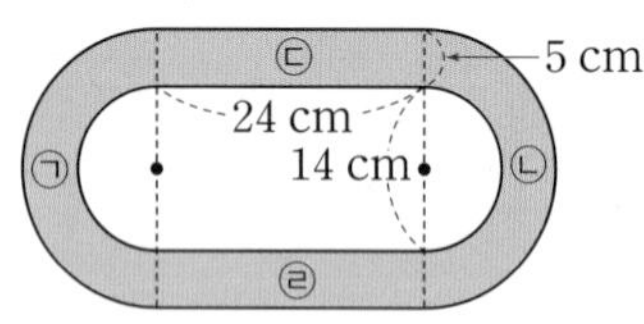

(㉢과 ㉣의 넓이)=24×5×2=240 (cm^2)
㉠과 ㉡을 합하면 다음과 같은 모양이 됩니다.

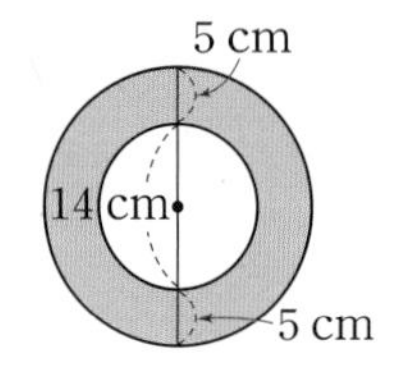

(㉠과 ㉡의 넓이)
=(지름이 24 cm인 원의 넓이)
−(지름이 14 cm인 원의 넓이)
=(12×12×3.14)−(7×7×3.14)
=452.16−153.86
=298.3 (cm^2)
따라서 색칠한 부분의 넓이는
240+298.3=538.3 (cm^2)입니다.

55 거꾸로 풀어 해결하기

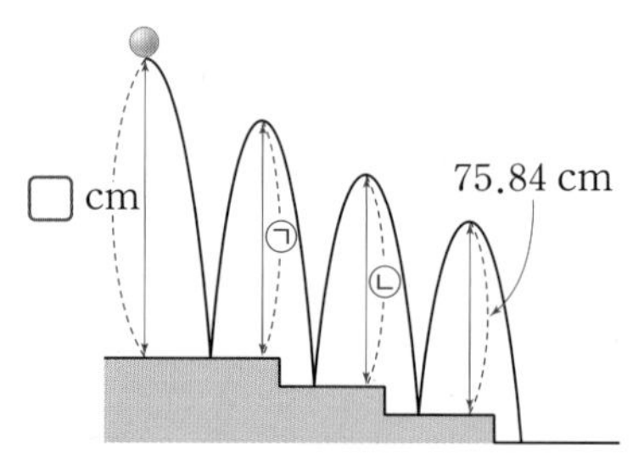

(세 번째로 떨어뜨린 높이)×0.8=75.84이고 그림에서 세 번째로 떨어뜨린 높이는 (㉡+10) cm입니다.
(㉡+10)×0.8=75.84이므로
㉡+10=75.84÷0.8=94.8,
㉡=94.8−10=84.8 (cm)입니다.
(㉠+10)×0.8=㉡=84.8이므로
㉠+10=84.8÷0.8=106,
㉠=106−10=96 (cm)입니다.
➡ □×0.8=㉠=96,
□=96÷0.8=120 (cm)

56 그림을 그려 해결하기

각기둥의 전개도를 그리고 옆면의 세로를 그림과 같이 똑같이 나누어 봅니다.

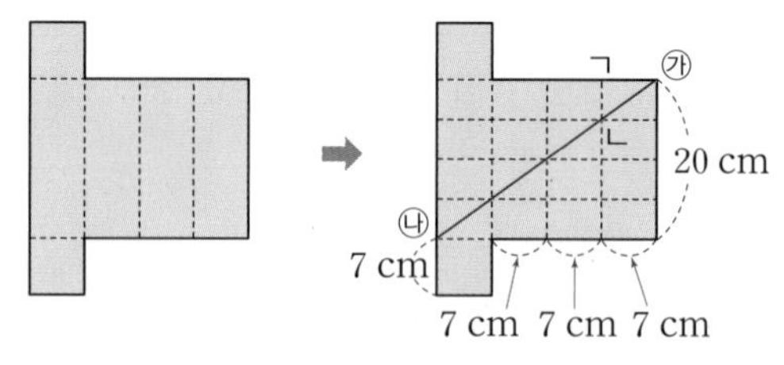

➡ (선분 ㄱㄴ의 길이)=20÷4=5 (cm)

57 조건을 따져 해결하기

쇠구슬 25개를 넣었더니 물이 수조를 가득 채운 후 수조 밖으로 0.6 L만큼 넘쳤으므로 쇠구슬 25개의 부피는 수조를 가득 채울 때 더 넣을 수 있는 물의 부피와 넘친 물의 부피의 합입니다.

(수조의 들이)$=25\times32\times50$

$=40000\ (\text{cm}^3)$

➡ $40000\ \text{cm}^3=40000\ \text{mL}=40\ \text{L}$

(쇠구슬 25개의 부피)

$=$(수조의 들이)$-$(수조에 들어 있는 물의 부피)

$+$(넘친 물의 부피)

$=40-22+0.6=18.6\ (\text{L})$

➡ $18.6\ \text{L}=18600\ \text{mL}=18600\ \text{cm}^3$

(쇠구슬 한 개의 부피)

$=18600\div25=744\ (\text{cm}^3)$

58 규칙을 찾아 해결하기

$1=\frac{9}{9}$, $10=\frac{90}{9}$이므로 분모가 9인 분수 중에서 분자가 9보다 크고 90보다 작으며 3의 배수인 것을 찾습니다.

조건에 알맞은 분수를 모두 찾아보면

$\overset{3\times4}{\frac{12}{9}}$, $\overset{3\times5}{\frac{15}{9}}$, $\frac{18}{9}$, $\frac{21}{9}$, ..., $\frac{81}{9}$, $\overset{3\times28}{\frac{84}{9}}$, $\overset{3\times29}{\frac{87}{9}}$

로 모두 26개입니다.

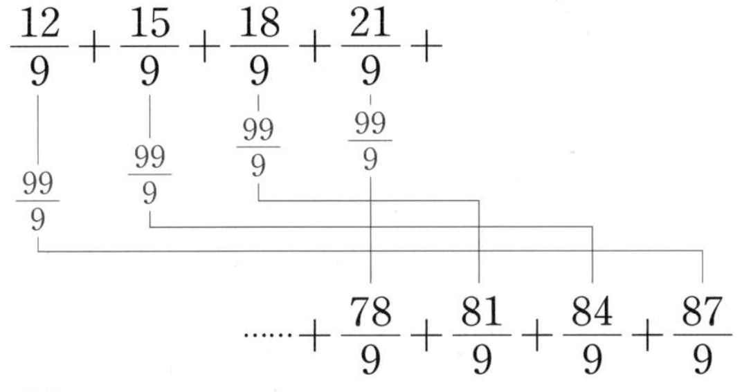

$\frac{99}{9}=11$이 $26\div2=13$(개)이므로 조건에 알맞은 분수들의 합은 $11\times13=143$입니다.

59 단순화하여 해결하기

• ㉮에서 ㉰까지 가는 가장 가까운 길의 수를 다음과 같이 각 꼭짓점에 씁니다.

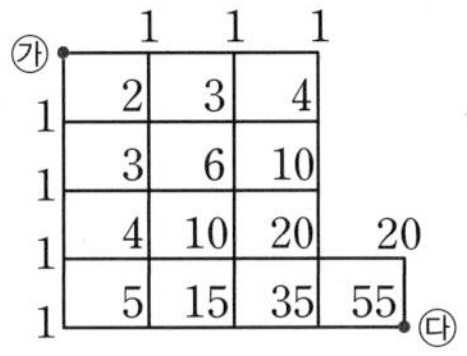

➡ 55가지

• ㉮에서 ㉯를 지나서 ㉰까지 가는 가장 가까운 길의 수를 다음과 같이 각 꼭짓점에 씁니다. 이때 ㉮에서 ㉯까지 가는 가장 가까운 길의 수와 ㉯에서 ㉰까지 가는 가장 가까운 길의 수로 나누어 생각합니다.

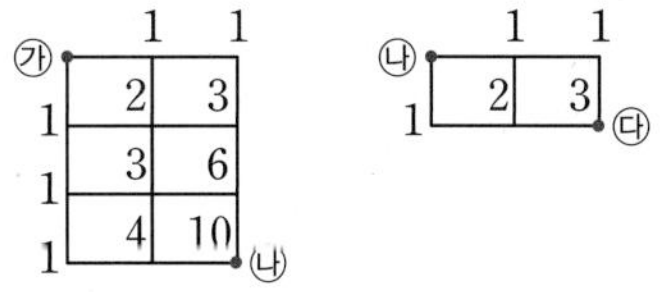

➡ 10×3

$=30$(가지)

따라서 ㉮에서 ㉰까지 가는 길의 경우의 수와 ㉮에서 ㉯를 지나서 ㉰까지 가는 길의 경우의 수의 비를 간단한 자연수의 비로 나타내면 $55:30=11:6$입니다.

60 식을 만들어 해결하기

㉮와 ㉯의 물에 잠긴 부분의 길이는 같으므로

(㉮의 길이)$\times\frac{3}{4}=$(㉯의 길이)$\times\frac{5}{6}$입니다.

➡ (㉮의 길이) : (㉯의 길이)

$=\frac{5}{6}:\frac{3}{4}=10:9$

(㉮의 길이)$+$(㉰의 길이)$=180\ (\text{cm})$

(㉯의 길이)$+$(㉰의 길이)$=169\ (\text{cm})$

위의 식에서 아래의 식을 빼면

(㉮의 길이)$-$(㉯의 길이)

$=180-169=11\ (\text{cm})$입니다.

㉮의 길이를 $(\square\times10)$ cm라 하면 ㉯의 길이는 $(\square\times9)$ cm라고 할 수 있습니다.

㉮의 길이와 ㉯의 길이의 차는 11 cm이고

$(\square\times10)-(\square\times9)=\square$이므로

$\square=11\ (\text{cm})$입니다.

㉮의 길이는 $11\times10=110\ (\text{cm})$이므로

연못의 깊이는 $\overset{55}{\cancel{110}}\times\frac{3}{\underset{2}{\cancel{4}}}=\frac{165}{2}=82.5\ (\text{cm})$

입니다.

경시 대비 평가

1회 (2~6쪽)

1 $35\frac{1}{16}$	**2** 14명	**3** 18개
4 130 cm	**5** $1363.2\ cm^2$	
6 6.6 cm	**7** 121개	**8** 9명
9 $\frac{11}{17}$	**10** 329.7 cm	

1 • 3.744를 곱하기 전의 수:
$30.42 \div 3.744 = 8.125$

• $\frac{5}{8}$를 빼기 전의 수:

$8.125 + \frac{5}{8} = 8\frac{1}{8} + \frac{5}{8} = 8\frac{6}{8} = 8\frac{3}{4}$

어떤 수는 $8\frac{3}{4}$입니다.

➡ $\left(8\frac{3}{4} + \frac{5}{8}\right) \times 3.74$

$= \left(8\frac{6}{8} + \frac{5}{8}\right) \times 3\frac{37}{50} = 9\frac{3}{8} \times 3\frac{37}{50}$

$= \frac{\overset{3}{\cancel{75}}}{8} \times \frac{187}{\underset{2}{\cancel{50}}} = \frac{561}{16} = 35\frac{1}{16}$

2 (현재 남학생 수) $= \overset{14}{\cancel{546}} \times \frac{20}{\underset{1}{\cancel{39}}} = 280$(명)

(현재 여학생 수) $= 546 - 280 = 266$(명)

전학 온 여학생 수를 □명이라 하여 비례식을 세우면

$280 : (266 - □) = 10 : 9$입니다.

$280 \times 9 = (266 - □) \times 10$이므로

$(266 - □) \times 10 = 2520$, $266 - □ = 252$,

$□ = 14$(명)입니다.

따라서 전학 온 여학생은 14명입니다.

3 한 자리 자연수끼리 나눈다고 하였으므로 나누는 수는 1부터 9까지의 수입니다.

• 나누는 수가 3, 7, 9인 경우: 몫이 소수 한 자리 수가 아닙니다.

• 나누는 수가 2인 경우: $1 \div 2 = 0.5$,
$3 \div 2 = 1.5$, $5 \div 2 = 2.5$, $7 \div 2 = 3.5$,
$9 \div 2 = 4.5$ ➡ 5개

• 나누는 수가 4인 경우: $2 \div 4 = 0.5$,
$6 \div 4 = 1.5$ ➡ 2개

• 나누는 수가 5인 경우: $1 \div 5 = 0.2$,
$2 \div 5 = 0.4$, $3 \div 5 = 0.6$, $4 \div 5 = 0.8$,
$6 \div 5 = 1.2$, $7 \div 5 = 1.4$, $8 \div 5 = 1.6$,
$9 \div 5 = 1.8$ ➡ 8개

• 나누는 수가 6인 경우: $3 \div 6 = 0.5$,
$9 \div 6 = 1.5$ ➡ 2개

• 나누는 수가 8인 경우: $4 \div 8 = 0.5$ ➡ 1개

따라서 몫이 소수 한 자리 수로 나누어떨어지는 나눗셈식은 모두
$5 + 2 + 8 + 2 + 1 = 18$(개)입니다.

4

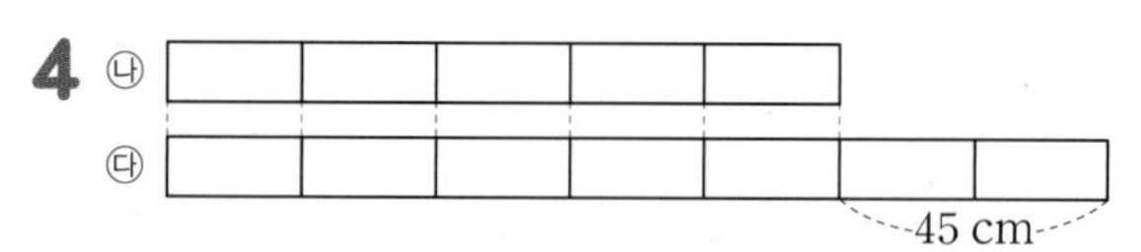

㉰ 도막의 길이를 똑같이 7칸으로 나눈 것 중의 2칸이 45 cm이므로

한 칸의 크기는 $45 \div 2 = 22.5$ (cm)이고,

㉯ 도막의 길이는 $22.5 \times 5 = 112.5$ (cm),

㉰ 도막의 길이는 $22.5 \times 7 = 157.5$ (cm)입니다.

전체 길이가 4 m $=$ 400 cm이므로

㉮ 도막의 길이는

$400 - 112.5 - 157.5 = 130$ (cm)입니다.

5 주어진 평면도형을 한 바퀴 돌려 만든 입체도형은 원기둥이고, 이 원기둥을 변 ㄱㄴ을 포함하도록 잘라서 똑같은 입체도형 4개로 나누면 다음과 같습니다.

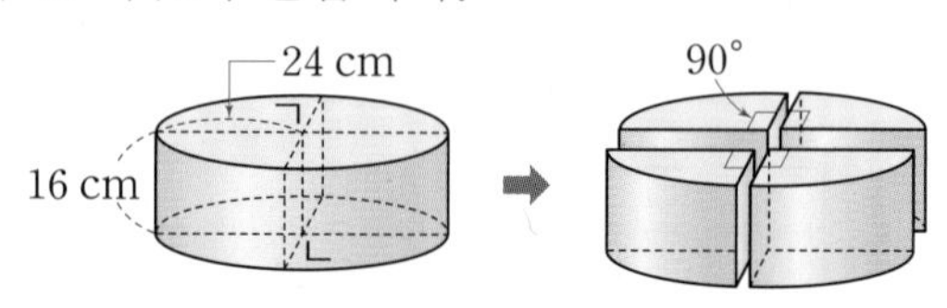

그중 한 입체도형의 옆면의 모양은 다음과 같은 직사각형입니다.

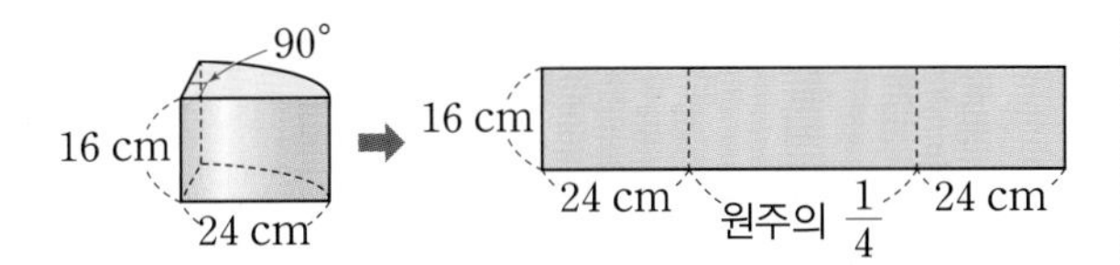

$(\text{옆면의 가로})=24+24\times2\times3.1\times\frac{1}{4}+24$

$=24+37.2+24$

$=85.2\ (\text{cm})$

➡ (옆면의 넓이)

$=(\text{옆면의 가로})\times(\text{옆면의 세로})$

$=85.2\times16=1363.2\ (\text{cm}^2)$

6 (㉮에 있는 물의 부피)

$=12\times15\times9=1620\ (\text{cm}^3)$

(㉯에 있는 물의 부피)

$=18\times15\times5=1350\ (\text{cm}^3)$

(전체 물의 부피)

$=1620+1350=2970\ (\text{cm}^3)$

칸막이를 빼낸 후 물의 높이가 □cm가 된다고 하면

$(12+18)\times15\times\square=2970$이므로

$30\times15\times\square=2970$, $450\times\square=2970$,

$\square=2970\div450=6.6\ (\text{cm})$입니다.

따라서 칸막이를 빼내면 물의 높이는 6.6 cm가 됩니다.

7 층별로 쌓기나무의 수를 구하여 규칙을 찾아봅니다.

첫 번째: 1개

두 번째: 1층 4개 ➡ $2\times2=4$(개)

2층 3개 ➡ $2\times2-1\times1=3$(개)

➡ 1층은 2층보다 쌓기나무가 $1\times1=1$(개) 더 많습니다.

세 번째: 1층 9개 ➡ $3\times3=9$(개)

2층 8개 ➡ $3\times3-1\times1=8$(개)

3층 5개 ➡ $3\times3-2\times2=5$(개)

➡ 1층은 3층보다 쌓기나무가 $2\times2=4$(개) 더 많습니다.

네 번째: 1층 16개 ➡ $4\times4=16$(개)

2층 15개 ➡ $4\times4-1\times1=15$(개)

3층 12개 ➡ $4\times4-2\times2=12$(개)

4층 7개 ➡ $4\times4-3\times3=7$(개)

➡ 1층은 4층보다 쌓기나무가 $3\times3=9$(개) 더 많습니다.

⋮

➡ 1층은 ■층보다 쌓기나무가 $((■-1)\times(■-1))$개 더 많습니다.

따라서 12번째 모양에서 1층에 놓여 있는 쌓기나무는 12층에 놓여 있는 쌓기나무보다 $11\times11=121$(개) 더 많습니다.

8 $360°-160°=200°$이므로

$(\text{야구를 좋아하는 학생 수})=\overset{9}{\cancel{324}}\times\frac{\overset{20}{\cancel{200°}}}{\underset{\underset{1}{\cancel{10}}}{\cancel{360°}}}$

$=180(\text{명})$

$(\text{축구를 좋아하는 학생 수})=\overset{9}{\cancel{324}}\times\frac{\overset{28}{\cancel{280°}}}{\underset{\underset{1}{\cancel{10}}}{\cancel{360°}}}$

$=252(\text{명})$

(야구와 축구를 둘 다 좋아하는 학생 수)

$=\overset{9}{\cancel{324}}\times\frac{\overset{13}{\cancel{130°}}}{\underset{\underset{1}{\cancel{10}}}{\cancel{360°}}}=117(\text{명})$

(야구나 축구를 좋아하는 학생 수)

$=180+252-117=315(\text{명})$

➡ (야구와 축구를 모두 좋아하지 않는 학생 수)

$=324-315=9(\text{명})$

9 $1+\frac{1}{5}=\frac{5}{5}+\frac{1}{5}=\frac{6}{5}$이므로

$1+\cfrac{1}{1+\cfrac{1}{5}}=1+\cfrac{1}{\cfrac{6}{5}}=1+1\div\frac{6}{5}$

$=\frac{6}{6}+\frac{5}{6}=\frac{11}{6}$입니다.

➡ $\cfrac{1}{1+\cfrac{1}{1+\cfrac{1}{1+\cfrac{1}{5}}}}=\cfrac{1}{1+\cfrac{1}{\cfrac{11}{6}}}$

$=\cfrac{1}{1+1\div\cfrac{11}{6}}=\cfrac{1}{\cfrac{11}{11}+\cfrac{6}{11}}=\cfrac{1}{\cfrac{17}{11}}$

$=1\div\frac{17}{11}=\frac{11}{17}$

10 오른쪽과 같이 원 5개의 중심을 이어 그린 도형은 정오각형이고, 정오각형의 한 각의 크기는 108° 입니다.

➡ $360° - 108° = 252°$

$252° \times 5 = 1260°$이고,

$1260° \div 360° = 3.5$이므로 빨간색 선의 길이는 원 한 개의 원주의 3.5배와 같습니다.

➡ (빨간색 선의 길이)

$= 15 \times 2 \times 3.14 \times 3.5$

$= 329.7$ (cm)

2회 7~11쪽

1 41952 cm^3 **2** 25개

3 3바퀴 **4** 1750원 **5** 3일

6 30 cm^2 **7** 3.708 km **8** 205명

9 35명 **10** 938.4 cm

1 주어진 종이로 상자를 만들면 다음과 같습니다.

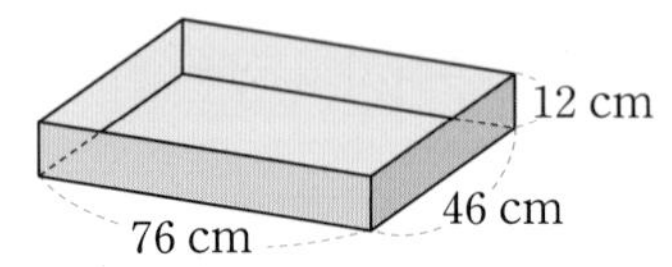

1 m = 100 cm

(가로) $= 100 - 12 - 12 = 76$ (cm)

(세로) $= 70 - 12 - 12 = 46$ (cm)

➡ (만든 상자의 부피) $= 76 \times 46 \times 12$

$= 41952$ (cm^3)

2 오각뿔을 빨간색 선을 따라 밑면과 평행하도록 자르면 오각뿔과 각뿔이 아닌 입체도형이 만들어집니다.

이때 오각뿔의 모서리는 $5 \times 2 = 10$(개)이고, 각뿔이 아닌 입체도형의 모서리는 $5 \times 3 = 15$(개)입니다.

따라서 두 입체도형의 모서리 수의 합은 모두 $10 + 15 = 25$(개)입니다.

3 롤러의 옆면에 페인트를 묻혀 한 바퀴 굴렸을 때 색칠되는 부분의 넓이는 원기둥의 옆면의 넓이와 같습니다.

(옆면의 가로)

=(반지름이 6 cm인 원의 원주)

$= 6 \times 2 \times 3.1 = 37.2$ (cm)

(옆면의 넓이)

$= 37.2 \times 15 = 558$ (cm^2)

따라서 색칠한 부분의 넓이가 1674 cm^2가 되려면 롤러를 적어도 $1674 \div 558 = 3$(바퀴) 굴려야 합니다.

4 민기가 호정이에게 □원을 주었다고 하여 비례식을 세우면

$(8000 + \square) : (7000 - \square) = 13 : 7$입니다.

$(8000 + \square) \times 7 = (7000 - \square) \times 13$이므로

$56000 + \square \times 7 = 91000 - \square \times 13$,

$\square \times 20 = 35000$,

$\square = 35000 \div 20 = 1750$(원)입니다.

따라서 민기가 호정이에게 준 금액은 1750원입니다.

5 전체 일의 양을 1이라 하면 정은이가 하루 동안 하는 일의 양은 $\frac{1}{10}$이고, 규진이가 하루 동안 하는 일의 양은 $\frac{1}{15}$입니다.

(정은이와 규진이가 함께 3일 동안 하는 일의 양)

$= \left(\frac{1}{10} + \frac{1}{15}\right) \times 3 = \left(\frac{3}{30} + \frac{2}{30}\right) \times 3$

$= \frac{\cancel{5}^{1}}{\cancel{30}_{\cancel{10}_{2}}} \times \cancel{3}^{1} = \frac{1}{2}$

(정은이가 혼자서 3일 동안 하는 일의 양)

$= \frac{1}{10} \times 3 = \frac{3}{10}$

(남은 일의 양)

$= 1 - \frac{1}{2} - \frac{3}{10} = \frac{10}{10} - \frac{5}{10} - \frac{3}{10}$

$= \frac{2}{10} = \frac{1}{5}$

따라서 나머지 일을 규진이가 혼자서 끝마치려면 일을 $\frac{1}{5} \div \frac{1}{15} = \frac{1}{\cancel{5}_{1}} \times \cancel{15}^{3} = 3$(일) 동안 해야 합니다.

6 쌓기나무 한 면의 넓이를 □ cm^2라 하면
(쌓기나무 64개의 겉넓이의 합)
$=□\times6\times64=□\times384$이고,
(만든 정육면체의 겉넓이)
$=□\times16\times6=□\times96$입니다.
$□\times384-□\times96=1440$,
$□\times288=1440$, $□=1440\div288=5$ (cm^2)
따라서 쌓기나무 한 면의 넓이가 5 cm^2이므로 쌓기나무 한 개의 겉넓이는
$5\times6=30$ (cm^2)입니다.

7 1시간=60분이고, 1분=60초이므로 1시간은 $60\times60=3600$(초)입니다.
윤태가 탄 차가 1시간 동안 111.6 km를 가므로
(윤태가 탄 차가 1초 동안 가는 거리)
$=111.6\div3600=0.031$ (km)입니다.

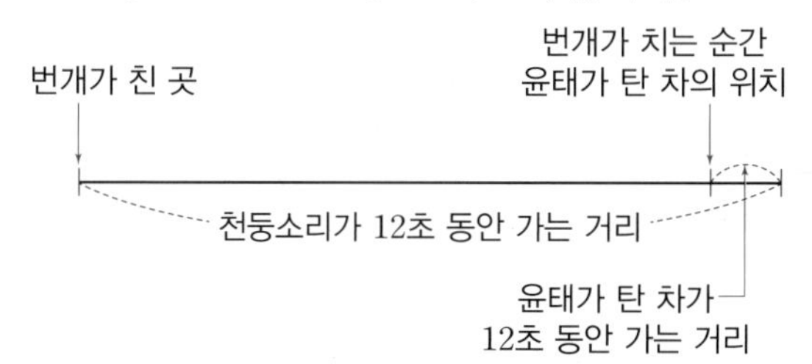

(천둥소리가 12초 동안 가는 거리)
$=0.34\times12=4.08$ (km)
(윤태가 탄 차가 12초 동안 가는 거리)
$=0.031\times12=0.372$ (km)
따라서 번개가 치는 순간 윤태가 탄 차는 번개가 친 곳에서 $4.08-0.372=3.708$ (km) 떨어져 있었습니다.

8 (도보로 통학하는 학생 수)
$=900\times0.45=405$(명)
도보로 통학하는 남학생 수를 ■명,
도보로 통학하는 여학생 수를 ●명이라 하면
$■\times\frac{40}{100}=●\times\frac{41}{100}$
➡ $■:●=\frac{41}{100}:\frac{40}{100}=41:40$입니다.
따라서 도보로 통학하는 남학생 수는
$\overset{5}{\cancel{405}}\times\frac{41}{\underset{1}{\cancel{81}}}=205$(명)입니다.

9 2번 문제를 맞힌 학생이 132명이고, 전체의 88 %이므로
(퀴즈 대회에 참여한 전체 학생 수)
$=132\div0.88=150$(명)입니다.
150명이 얻은 점수의 평균이 70.6점이므로
(150명의 총점)$=70.6\times150=10590$(점)입니다.
(1번 문제를 맞힌 학생 수)
$=150\times0.94=141$(명),
(3번 문제를 맞힌 학생 수)
$=150\times0.8=120$(명)
150명이 1번, 2번, 3번 문제로 얻은 점수의 합은
$10\times141+15\times132+20\times120$
$=1410+1980+2400=5790$(점)이고,
4번과 5번 문제로 얻은 점수의 합은
$10590-5790=4800$(점)입니다.
4번 문제를 150명이 모두 맞혔다고 예상하면 4번 문제로 얻은 점수의 합은
$25\times150=3750$(점)이므로 5번 문제로 얻은 점수의 합은 $4800-3750=1050$(점)이 되어야 합니다.
따라서 5번 문제를 맞힌 학생은 적어도
$1050\div30=35$(명)입니다.

10 (원의 지름)$=6.8\times2=13.6$ (cm)

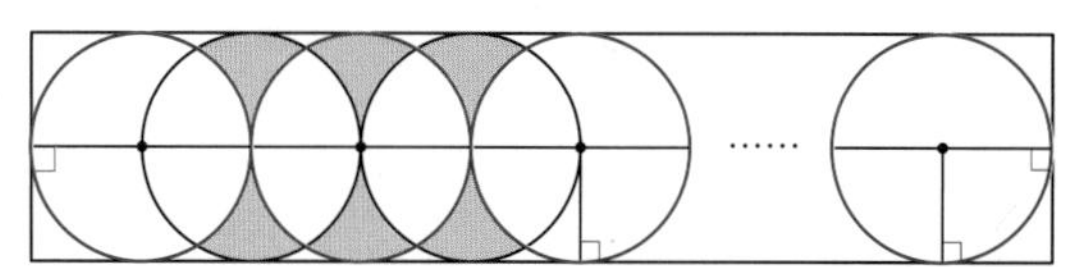

직사각형의 가로는 원의 지름의
$176.8\div13.6=13$(배)이므로
빨간색 선으로 표시한 원은 13개,
사이에 있는 원은 $13-1=12$(개)로
모두 $13+12=25$(개)입니다.

원의 수 (개)	2	3	4	5	6	……
색칠한 부분의 수 (군데)	0	2	4	6	8	……

원이 ■(■는 2보다 크거나 같은 수)개일 때 색칠한 부분은 $((■-2)\times2)$군데이므로 원이 25개이면 색칠한 부분은
$(25-2)\times2=46$(군데)입니다.

다음과 같이 원과 원이 만나는 점과 원의 중심을 이으면 세 변의 길이가 모두 원의 반지름과 같은 정삼각형이 됩니다.

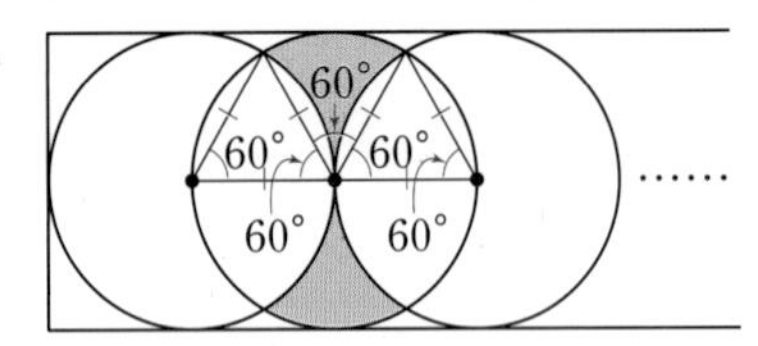

색칠한 부분 한 군데의 둘레는

원의 원주의 $\frac{60^\circ}{360^\circ}=\frac{1}{6}$의 3배와 같습니다.

(색칠한 부분 46군데의 둘레의 합)

$=$(원주의 $\frac{1}{6}$)$\times 3\times 46=$(원주의 $\frac{1}{6}$)$\times 138$

$=6.8\times 2\times 3\times\frac{1}{6}\times 138=938.4$ (cm)

2 직사각형의 변 ㄹㄷ을 기준으로 한 바퀴 돌려서 원기둥을 만든 다음 원기둥의 전개도를 그려 봅니다.

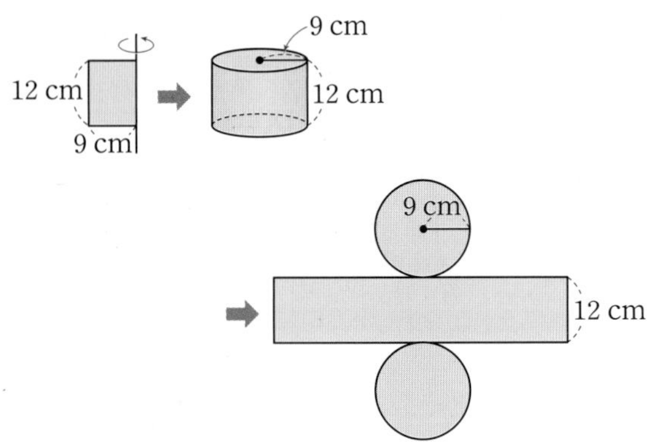

(전개도에서 모든 면의 넓이의 합)

$=$(한 밑면의 넓이)$\times 2+$(옆면의 넓이)

$=(9\times 9\times 3.1)\times 2+9\times 2\times 3.1\times 12$

$=502.2+669.6=1171.8$ (cm^2)

3회 12~16쪽

1 55.04 cm^2	**2** 1171.8 cm^2	
3 48개	**4** 30개	**5** 5 : 8
6 104명	**7** 32개	**8** 20 cm
9 $54\frac{6}{11}$분	**10** 4.5 km	

1 반지름이 2 cm이므로 정사각형의 한 변의 길이는 $(2\times 2)\times 4=16$ (cm)입니다.

(정사각형의 넓이)$=16\times 16=256$ (cm^2)

(원 한 개의 넓이)

$=2\times 2\times 3.14=12.56$ (cm^2)

(원 16개의 넓이)

$=12.56\times 16=200.96$ (cm^2)

➡ (색칠한 부분의 넓이)

$=256-200.96=55.04$ (cm^2)

3 새로운 입체도형은 각기둥과 각뿔의 밑면을 서로 붙여서 만들었으므로 꼭짓점의 수는 다음과 같습니다.

(만든 입체도형의 꼭짓점의 수)

$=$(각기둥의 꼭짓점의 수)$+$(각뿔의 꼭짓점의 수)$-$(각기둥의 한 밑면의 꼭짓점의 수)

각기둥의 한 밑면의 꼭짓점의 수를 □개라 하면

(만든 입체도형의 꼭짓점의 수)

$=$(각기둥의 꼭짓점의 수)$+$(각뿔의 꼭짓점의 수)$-$□

$=$(□$\times 2$)$+$(□$+1$)$-$□$=$□$\times 2+1$

➡ □$\times 2+1=25$, □$\times 2=25-1=24$,

□$=24\div 2=12$(개)

각기둥과 각뿔의 밑면의 모양은 십이각형이므로

(만든 입체도형의 모서리의 수)

$=$(각기둥의 모서리의 수)$+$(각뿔의 모서리의 수)-12

$=(12\times 3)+(12\times 2)-12=48$(개)입니다.

4 다음과 같이 각 층마다 위에서 본 모양에 빨간색 쌓기나무가 있는 곳에 ○표 해 봅니다.

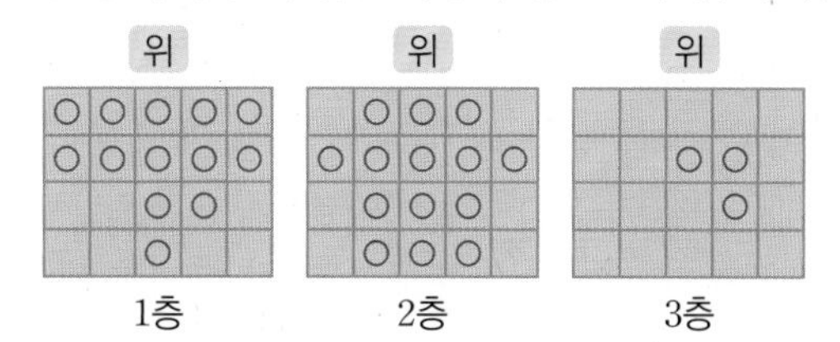

1층은 13개, 2층은 14개, 3층은 3개입니다.
따라서 사용한 빨간색 쌓기나무는 모두
$13+14+3=30$(개)입니다.

5 전체 바둑돌 수와 검은색 바둑돌 수 사이의 규칙을 찾아봅니다.

순서	1	2	3	4	……
전체 바둑돌 수(개)	3×3 $=9$	5×5 $=25$	7×7 $=49$	9×9 $=81$	……
검은색 바둑돌 수(개)	2×2 $=4$	3×3 $=9$	4×4 $=16$	5×5 $=25$	……

■번째 전체 바둑돌 수는
((■×2+1)×(■×2+1))개,
검은색 바둑돌 수는 ((■+1)×(■+1))개
입니다.
11번째 전체 바둑돌은
$(11\times2+1)\times(11\times2+1)=23\times23$
$=529$(개),
검은색 바둑돌은
$(11+1)\times(11+1)=12\times12=144$(개)이므로
흰색 바둑돌은 $529-144=385$(개)입니다.
14번째 전체 바둑돌은
$(14\times2+1)\times(14\times2+1)=29\times29$
$=841$(개),
검은색 바둑돌은
$(14+1)\times(14+1)=15\times15=225$(개)이므로
흰색 바둑돌은 $841-225=616$(개)입니다.
따라서 11번째에 놓은 흰색 바둑돌 수와 14번째에 놓은 흰색 바둑돌 수의 비를 간단한 자연수의 비로 나타내면
$385:616=5:8$입니다.

6 (B형인 학생 수의 백분율)
$=\frac{18}{60}\times100=30$ (%)

(A형인 학생과 AB형인 학생 수의 백분율)
$=100-(30+25)=45$ (%)
➡ (A형인 학생과 AB형인 학생 수의 합)
$=800\times\frac{45}{100}=360$(명)

AB형인 학생을 □명이라 하면 A형인 학생은 (□+152)명이므로
□+□+152=360,
□+□=360−152=208,
□=208÷2=104(명)입니다.
따라서 AB형인 학생은 104명입니다.

7 흰색 탁구공과 노란색 탁구공 수의 비가 11 : 5이므로 전체 탁구공의 수를 16칸으로 나타내면 그중 흰색 탁구공의 수는 11칸, 노란색 탁구공의 수는 5칸으로 나타낼 수 있습니다.
이때 6개는 16칸 중 3칸을 나타냅니다.

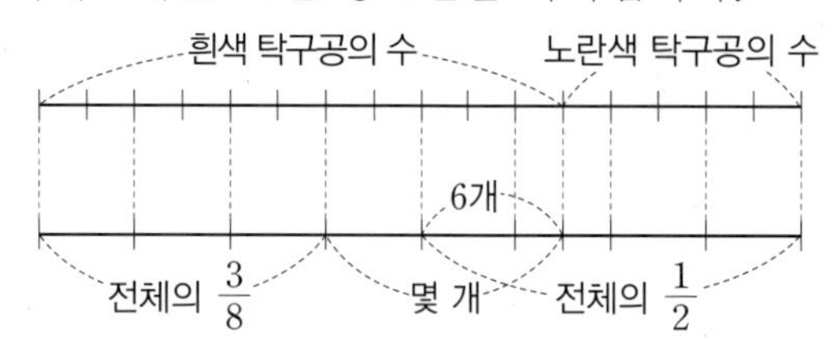

따라서 상자에 들어 있는 탁구공은 모두
$6\div3\times16=32$(개)입니다.

8 (통에 담은 물의 부피)
$=40\times32\times17=21760$ (cm^3)
막대를 세운 후 물의 높이가 □cm가 되었다고 하면
40×32×□−16×12×□=21760이므로
1280×□−192×□=21760,
1088×□=21760,
□=21760÷1088=20 (cm)입니다.
따라서 막대를 세운 후 물의 높이는 20 cm가 됩니다.

주의 막대를 세운 후 물의 높이는 처음 물의 높이보다 높아집니다. 이때 물의 부피는 변하지 않습니다.

9 짧은바늘은 1시간 동안 $360° \div 12 = 30°$,
1분 동안 $30° \div 60 = \frac{1}{2}°$ 움직입니다.
긴바늘은 1시간 동안 $360°$ 움직이므로
1분 동안 $360° \div 60 = 6°$ 움직입니다.
서호가 도서관을 다녀오는 데 걸린 시간이 1시간을 넘지 않았으므로 걸린 시간을 □분이라 하면 짧은바늘은 $(\frac{1}{2} \times \square)°$ 움직이고, 긴바늘은 $(6 \times \square)°$ 움직입니다.
오른쪽 그림과 같이 짧은바늘은 숫자 눈금 10에서부터 시작하여 움직였으므로
(긴바늘이 움직인 각도)
−(짧은바늘이 움직인 각도)
$= 30° \times 10 = 300°$입니다.
$6 \times \square - \frac{1}{2} \times \square = 300$, $5\frac{1}{2} \times \square = 300$,
$\square = 300 \div 5\frac{1}{2} = 300 \div \frac{11}{2}$
$= 300 \times \frac{2}{11} = \frac{600}{11} = 54\frac{6}{11}$ (분)
따라서 서호가 집에서 출발하여 도서관을 갔다가 다시 집으로 돌아오는 데 걸린 시간은 $54\frac{6}{11}$분입니다.

10 A 지점에서 출발한 배를 ㉮, B 지점에서 출발한 배를 ㉯라고 하여 ㉮와 ㉯가 가는 데 걸린 시간을 그림으로 나타냅니다.

㉮ →
만난 지점
(상류) A ··· 40분 ··· 30분 ··· B (하류)
$10\frac{1}{2}$ km ··· 30분 ··· 40분
← ㉯

㉮가 30분 동안 간 거리와 ㉯가 40분 동안 간 거리가 같으므로 ㉮와 ㉯가 같은 시간에 가는 거리의 비는 4 : 3입니다.

㉮ →
(상류) A ——— B (하류)
$10\frac{1}{2}$ km
㉯

A, B 두 지점 사이의 거리는
$10\frac{1}{2} \times 4 = \frac{21}{2} \times 4 = 42$ (km)입니다.
㉮는 상류에서 하류로 내려갈 때 1분에
$42 \div (40+30) = 42 \div 70 = 0.6$ (km)씩 가고,
㉯는 하류에서 상류로 올라갈 때 1분에
$\left(42 - 10\frac{1}{2}\right) \div (40+30) = (42 - 10.5) \div 70$
$= 31.5 \div 70 = 0.45$ (km)씩 가므로
강물은 1분에
$(0.6 - 0.45) \div 2 = 0.15 \div 2 = 0.075$ (km)씩 흐릅니다.
따라서 강물은 1시간에
$0.075 \times 60 = 4.5$ (km)씩 흐릅니다.

문제 해결의 길잡이 심화

수학 6학년

www.mirae-n.com

학습하다가 이해되지 않는 부분이나 정오표 등의
궁금한 사항이 있나요?
미래엔 홈페이지에서 해결해 드립니다.

교재 내용 문의
나의 교재 문의 | 수학 과외쌤 | 자주하는 질문 | 기타 문의

교재 자료 및 정답
동영상 강의 | 쌍둥이 문제 | 정답과 해설 | 정오표

초등학교

학년 반 이름

초등학교에서 탄탄하게 닦아 놓은
공부력이 중·고등 학습의 실력을 가릅니다.

하루한장 쏙셈

쏙셈 시작편
초등학교 입학 전 연산 시작하기
[2책] 수 세기, 셈하기

쏙셈
교과서에 따른 수·연산·도형·측정까지 계산력 향상하기
[12책] 1~6학년 학기별

창의력 쏙셈
문장제 문제부터 창의·사고력 문제까지 수학 역량 키우기
[12책] 1~6학년 학기별

쏙셈 분수·소수
3~6학년 분수·소수의 개념과 연산·원리를 집중 훈련하기
[분수 2책, 소수 2책] 1~2권

하루한장 한자

그림 연상 한자로 교과서 어휘를 익히고 급수 시험까지 대비하기
[총12책] 1~6학년 학기별

하루한장 ENGLISH BITE

ENGLISH BITE 알파벳 쓰기
알파벳을 보고 듣고 따라쓰며 읽기·쓰기 한 번에 끝내기
[1책]

ENGLISH BITE 파닉스
자음과 모음 결합 과정의 발음 규칙 학습으로
영어 단어 읽기 완성
[2책] 자음과 모음, 이중자음과 이중모음

ENGLISH BITE 사이트 워드
192개 사이트 워드 학습으로 리딩 자신감 키우기
[2책] 단계별

ENGLISH BITE 영문법
문법 개념 확인 영상과 함께 영문법 기초 실력 다지기
[Starter 2책 , Basic 2책] 3~6학년 단계별

ENGLISH BITE 영단어
초등 영어 교육과정의 학년별 필수 영단어를
다양한 활동으로 익히기
[4책] 3~6학년 단계별

하루한장 한국사

큰별★쌤 최태성의 한국사
최태성 선생님의 재미있는 강의와 시각 자료로
역사의 흐름과 사건을 이해하기
[3책] 3~6학년 시대별

도전 3 경시 대비 평가

최고 수준 문제로 교내외 경시 대회 도전하기

"나의 공부 계획"

	번호	공부한 날	확인
1회	1～5번	월 일	
	6～10번	월 일	
2회	1～5번	월 일	
	6～10번	월 일	
3회	1～5번	월 일	
	6～10번	월 일	

경시 대비 평가 1회

1 어떤 수에 $\frac{5}{8}$를 더한 후 3.74를 곱해야 할 것을 잘못하여 $\frac{5}{8}$를 뺀 후 3.744를 곱했더니 30.42가 되었습니다. 바르게 계산한 값을 기약분수로 나타내시오.

2 미소네 학교 남학생 수와 여학생 수의 비는 10 : 9였는데 여학생이 몇 명 전학을 와서 남학생 수와 여학생 수의 비가 20 : 19가 되었습니다. 현재 미소네 학교 전체 학생 수가 546명이라면 전학 온 여학생은 몇 명입니까? (단, 전학을 간 학생은 없습니다.)

바른답 • 알찬풀이 42쪽

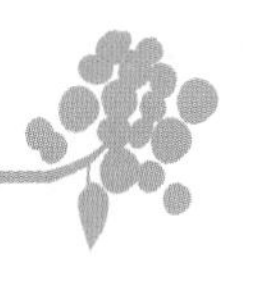

3 한 자리 자연수끼리 나눌 때 몫이 소수 한 자리 수로 나누어떨어지는 나눗셈식은 모두 몇 개입니까? (단, 몫의 소수 첫째 자리 숫자는 0이 아닙니다.)

4 길이가 4 m인 철사를 ㉮, ㉯, ㉰ 3도막으로 잘랐습니다. ㉯ 도막과 ㉰ 도막의 길이의 비는 5 : 7이고, 45 cm만큼 차이가 날 때 ㉮ 도막의 길이는 몇 cm입니까?

5 다음 직사각형을 변 ㄱㄴ을 기준으로 한 바퀴 돌려 입체도형을 만들었습니다. 만든 입체도형을 변 ㄱㄴ을 포함하도록 잘라서 똑같은 입체도형 4개로 나누었습니다. 나누어 만든 입체도형 하나의 옆면의 넓이는 몇 cm^2입니까? (원주율: 3.1)

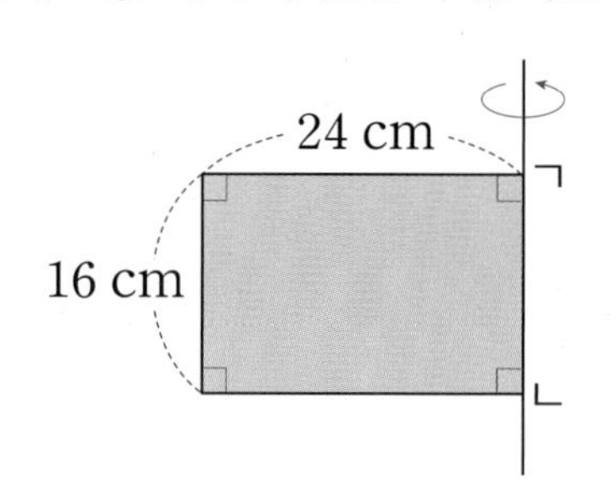

6 직육면체 모양 수조의 사이를 다음과 같이 칸막이로 막고, ㉮ 부분과 ㉯ 부분에 각각 물을 담았더니 ㉮ 부분에 채운 물의 높이는 9 cm, ㉯ 부분에 채운 물의 높이는 5 cm가 되었습니다. 칸막이를 빼면 물의 높이는 몇 cm가 되는지 소수로 나타내시오. (단, 칸막이의 부피와 두께는 생각하지 않습니다.)

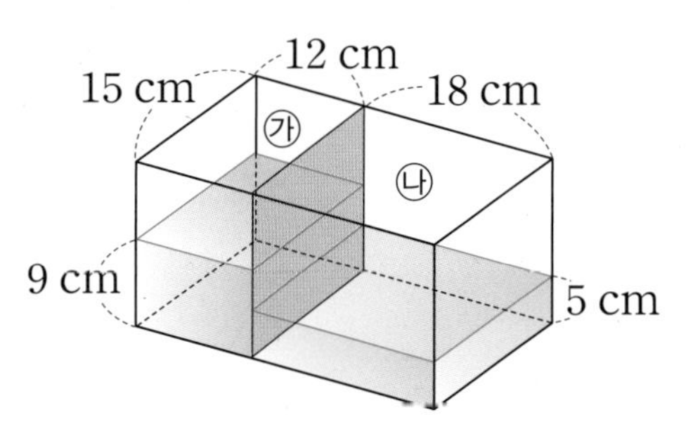

7 다음과 같이 규칙에 따라 쌓기나무를 쌓을 때 12번째 모양에서 1층에 놓여 있는 쌓기나무는 12층에 놓여 있는 쌓기나무보다 몇 개 더 많습니까?

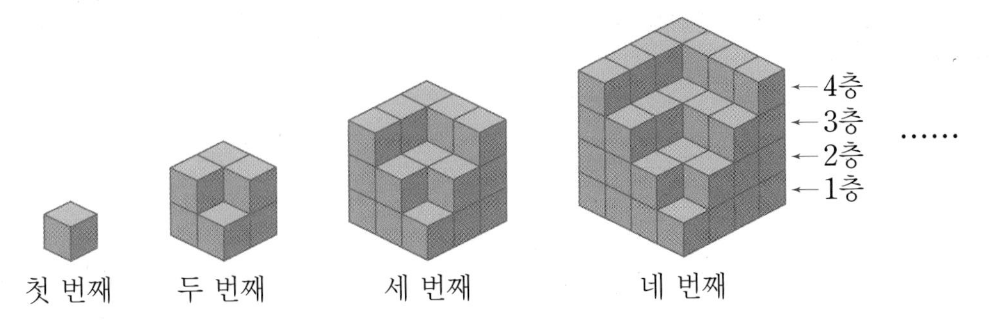

8 승희네 학교 학생들이 야구와 축구를 좋아하는지 조사하여 나타낸 원그래프입니다. 전체 학생이 324명일 때 야구와 축구를 모두 좋아하지 않는 학생은 몇 명입니까?

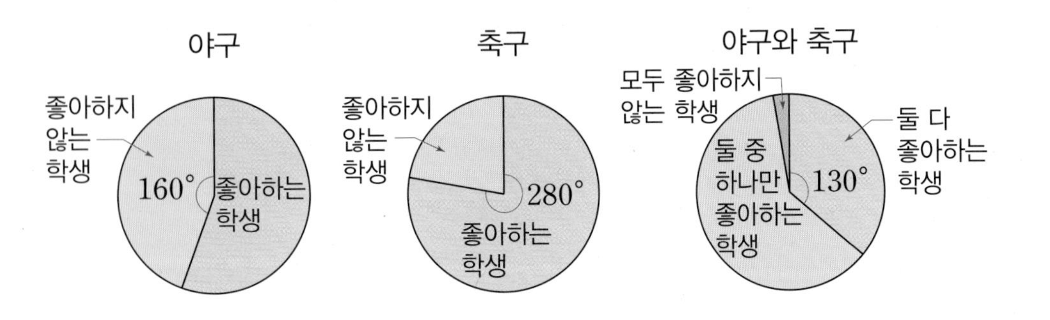

9 보기 를 이용하여 주어진 식을 계산해 보시오.

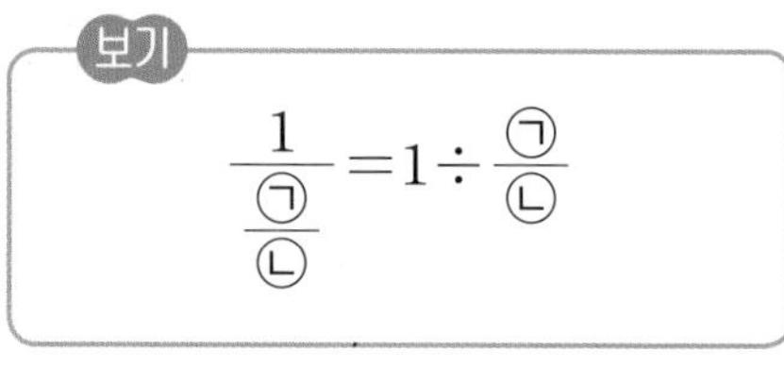

보기

$$\frac{1}{\frac{㉠}{㉡}} = 1 \div \frac{㉠}{㉡}$$

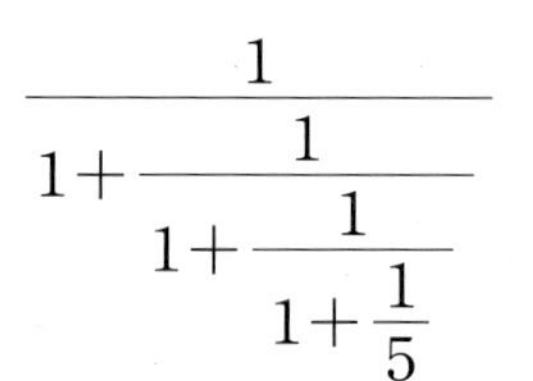

$$\cfrac{1}{1+\cfrac{1}{1+\cfrac{1}{1+\frac{1}{5}}}}$$

10 다음은 반지름이 15 cm인 원 5개를 겹치지 않게 이어 붙인 것입니다. 빨간색 선의 길이는 몇 cm입니까? (원주율: 3.14)

10점 X ☐ 개 = ☐ 점

경시 대비 평가 2회

문제풀이 동영상

1 가로가 1 m, 세로가 70 cm인 직사각형 모양의 종이가 있습니다. 이 종이의 네 귀퉁이를 한 변의 길이가 12 cm인 정사각형 모양으로 오려낸 후 접어서 한 면이 없는 상자를 만들었습니다. 만든 상자의 부피는 몇 cm^3입니까? (단, 종이의 두께는 생각하지 않습니다.)

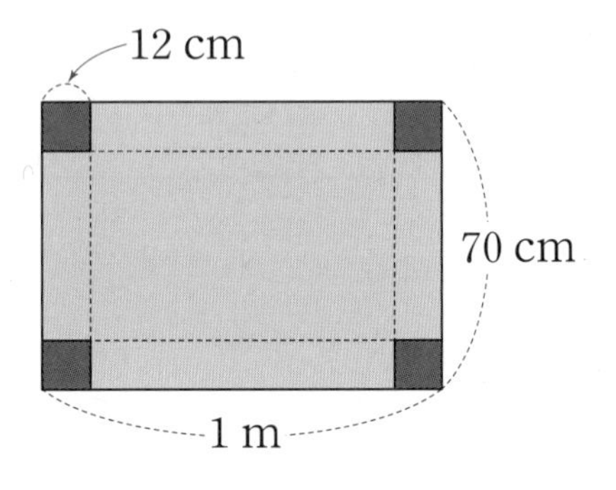

2 다음 오각뿔을 빨간색 선을 따라 밑면과 평행하도록 잘라 두 개의 입체도형으로 나누었습니다. 이때 만들어진 각뿔과 각뿔이 아닌 입체도형의 모서리 수의 합은 모두 몇 개입니까?

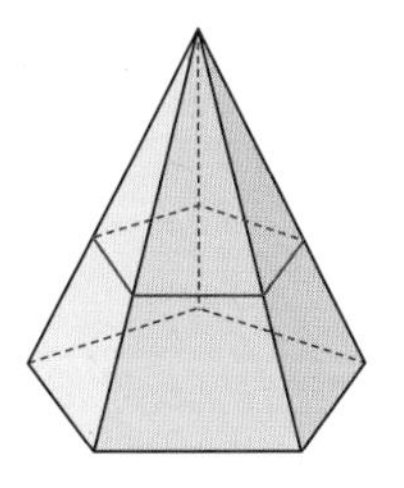

3 전개도가 다음과 같은 원기둥 모양의 롤러가 있습니다. 롤러의 옆면에 페인트를 묻힌 후 굴려 색칠할 때 색칠된 부분의 넓이가 1674 cm^2가 되려면 롤러를 적어도 몇 바퀴 굴려야 합니까? (단, 롤러가 여러 번 굴러도 롤러가 구른 곳은 모두 페인트가 칠해집니다. 원주율: 3.1)

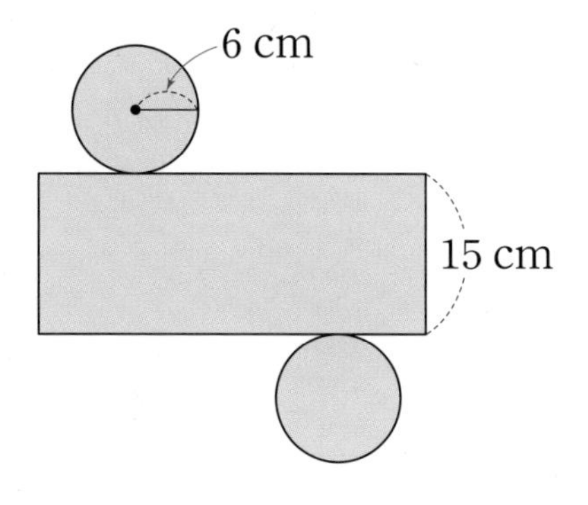

4 호정이와 민기는 용돈을 일주일에 각각 8000원, 7000원씩 받습니다. 민기가 이번 주 용돈 중 얼마를 호정이에게 주었더니 호정이와 민기의 용돈의 비가 13 : 7이 되었습니다. 민기는 호정이에게 얼마를 주었습니까?

5 어떤 일을 정은이가 혼자서 하면 10일이 걸리고, 규진이가 혼자서 하면 15일이 걸립니다. 이 일을 정은이와 규진이가 함께 3일 동안 한 후 정은이가 혼자 3일 동안 더 하였습니다. 나머지 일을 규진이가 혼자서 끝마치려면 규진이는 혼자서 며칠 동안 일을 해야 합니까? (단, 두 사람이 하루에 하는 일의 양은 각각 일정합니다.)

6 크기가 같은 정육면체 모양의 쌓기나무 64개를 쌓아서 다음 정육면체를 만들었습니다. 만든 정육면체의 겉넓이가 쌓기나무 64개의 겉넓이의 합보다 $1440\ \mathrm{cm}^2$ 더 작을 때 쌓기나무 한 개의 겉넓이는 몇 cm^2입니까?

7 소리는 1초에 0.34 km를 갑니다. 윤태는 번개가 친 곳에서 얼마 떨어진 곳에 있었습니다. 번개가 친 순간부터 윤태는 1시간에 111.6 km를 가는 차를 타고 번개가 친 곳에서 멀어지는 방향으로 갔습니다. 번개가 친 후 12초가 지났을 때 천둥소리를 들었다면 번개가 치는 순간 윤태가 탄 차는 번개가 친 곳에서 몇 km 떨어져 있었습니까?

8 하온이네 학교 학생 900명의 통학 방법을 나타낸 원그래프와, 도보로 통학할 때 걸리는 시간을 나타낸 띠그래프입니다. 도보로 통학할 때 걸리는 시간이 5분 이상 10분 미만인 남학생과 여학생 수가 같을 때 도보로 통학하는 남학생은 몇 명입니까?

통학 방법별 학생 수

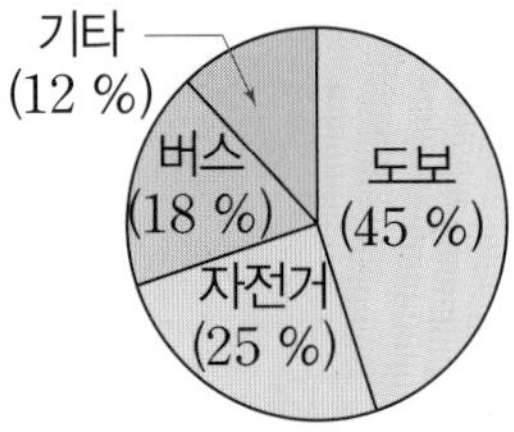

도보	자전거	버스	기타
45 %	25 %	18 %	12 %

도보로 통학할 때 걸리는 시간

남학생

5분 미만	5분 이상 10분 미만	10분 이상
40 %	40 %	20 %

여학생

5분 미만	5분 이상 10분 미만	10분 이상
33 %	41 %	26 %

9 어느 퀴즈 대회에 참여한 학생 중 2번 문제를 맞힌 학생은 132명이고, 전체 평균은 70.6점입니다. 1번 문제를 맞힌 학생은 전체의 94 %, 2번 문제를 맞힌 학생은 전체의 88 %, 3번 문제를 맞힌 학생은 전체의 80 %입니다. 5번 문제를 맞힌 학생은 적어도 몇 명입니까?

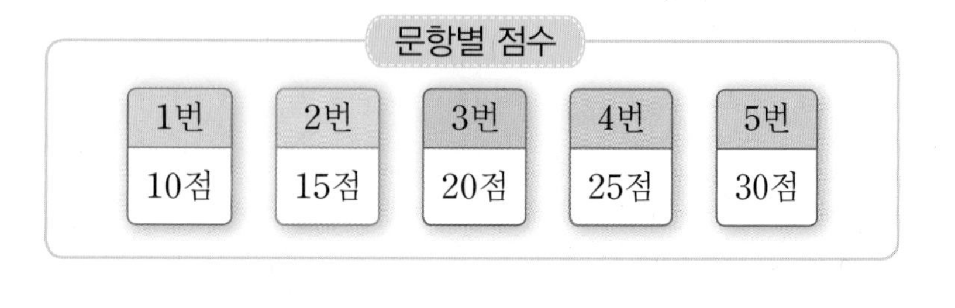

10 다음은 가로가 176.8 cm인 직사각형 안에 반지름이 6.8 cm인 원을 서로 중심을 지나도록 겹쳐서 그리고 색칠한 것입니다. 색칠한 부분의 둘레의 합은 몇 cm입니까? (원주율: 3)

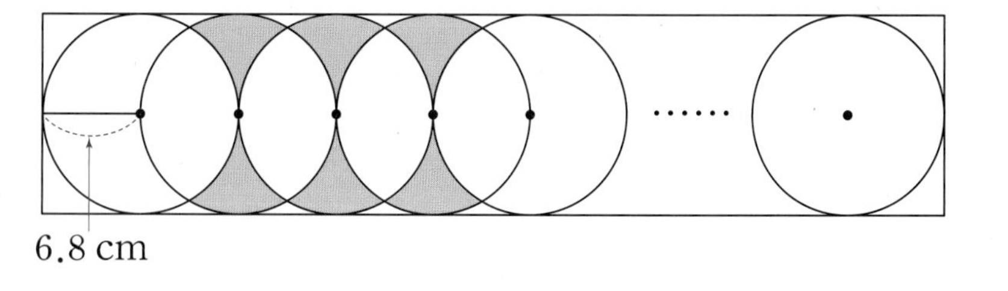

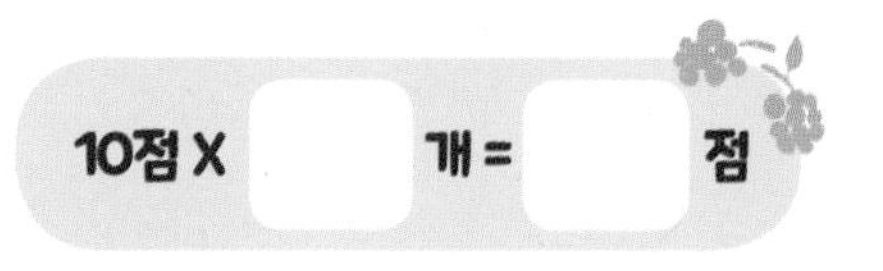

경시 대비 평가 3회

1 다음과 같이 반지름이 2 cm인 원을 정사각형 안에 그렸습니다. 색칠한 부분의 넓이는 몇 cm^2입니까? (원주율: 3.14)

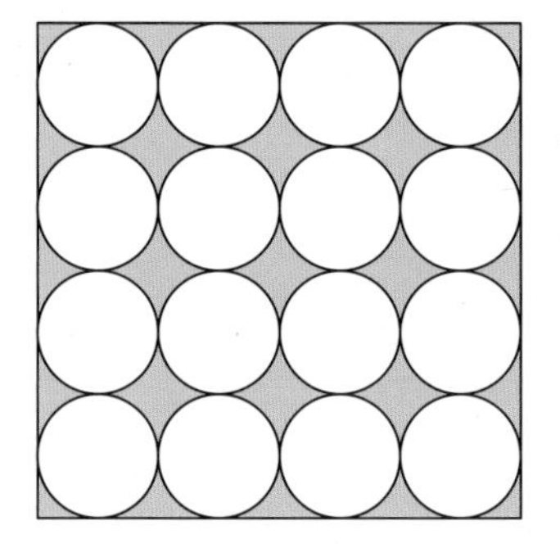

2 다음 직사각형을 변 ㄹㄷ을 기준으로 한 바퀴 돌려서 입체도형을 만들었습니다. 만든 입체도형의 전개도에서 모든 면의 넓이의 합은 몇 cm^2입니까? (원주율: 3.1)

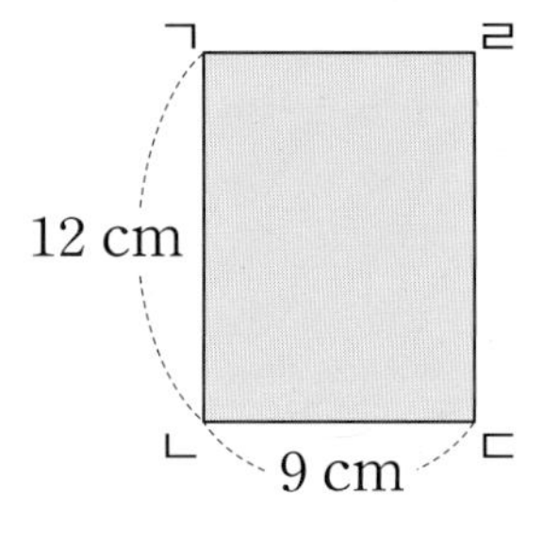

밑면의 모양과 크기가 같은 각기둥 ㉠과 각뿔 ㉡이 있습니다. 두 입체도형 ㉠과 ㉡의 밑면을 변끼리 맞닿게 붙여 새로운 입체도형을 만들었습니다. 만든 입체도형의 꼭짓점의 수가 25개일 때 만든 입체도형의 모서리는 몇 개입니까?

4 다음과 같이 직육면체 모양으로 쌓기나무를 쌓을 때 세 면에서 보이는 빨간색 쌓기나무를 보이는 면과 반대쪽까지 한 줄로 이어지도록 쌓았습니다. 이 직육면체 모양을 만드는 데 사용한 빨간색 쌓기나무는 모두 몇 개입니까?

경시 대비 평가 3회

5 다음과 같은 규칙으로 바둑돌을 놓을 때 11번째에 놓은 흰색 바둑돌 수와 14번째에 놓은 흰색 바둑돌 수의 비를 간단한 자연수의 비로 나타내시오.

첫 번째　　두 번째　　세 번째　　……

6 현서네 학교 학생 800명의 혈액형을 조사하여 나타낸 띠그래프입니다. 띠그래프 전체의 길이는 60 cm이고, A형인 학생이 AB형인 학생보다 152명 더 많습니다. 현서네 학교 학생 중 AB형인 학생은 몇 명입니까?

혈액형별 학생 수

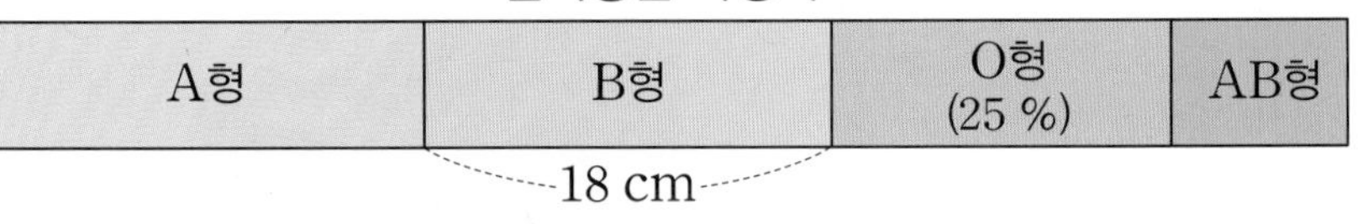

7 상자에 흰색 탁구공과 노란색 탁구공이 들어 있습니다. 흰색 탁구공은 전체의 $\frac{3}{8}$보다 몇 개 더 많고, 노란색 탁구공은 전체의 $\frac{1}{2}$보다 6개 더 적습니다. 흰색 탁구공 수와 노란색 탁구공 수의 비가 11 : 5일 때 상자에 들어 있는 탁구공은 모두 몇 개입니까?

8 다음과 같이 직육면체 모양의 통에 물을 담은 후 직육면체 모양 막대를 세웠습니다. 막대를 세우기 전 물의 높이가 17 cm였다면 막대를 세운 후 물의 높이는 몇 cm입니까? (단, 통의 두께는 생각하지 않습니다.)

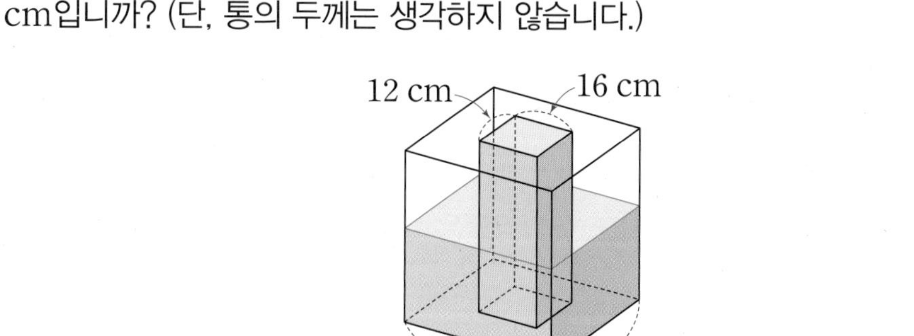
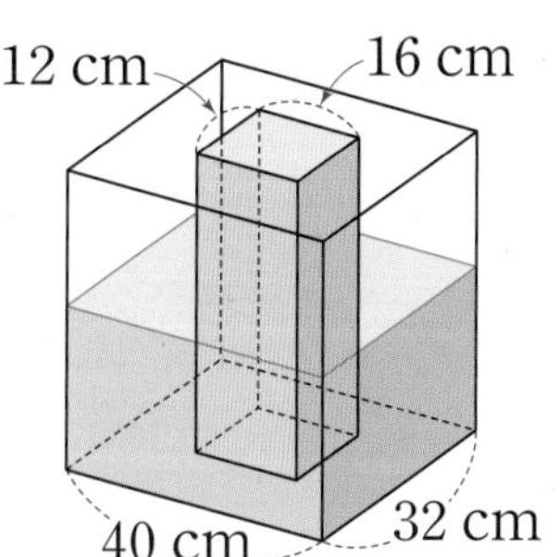

9 서호는 집에서 출발하여 도서관을 다녀왔습니다. 집에서 도서관으로 출발할 때 시계는 오전 10시를 가리키고 있었고, 집에 돌아왔을 때는 시계의 긴바늘과 짧은 바늘이 겹쳐져 있었습니다. 서호가 집에서 출발하여 도서관에 갔다가 다시 집으로 돌아오는 데 걸린 시간은 몇 분인지 기약분수로 나타내시오. (단, 서호가 도서관을 다녀오는 데 걸린 시간은 1시간을 넘지 않았습니다.)

10 강의 상류에 있는 A 지점에 ㉮ 배가 있고, 강의 하류에 있는 B 지점에 ㉯ 배가 있습니다. ㉮ 배와 ㉯ 배가 마주 보고 동시에 출발하여 40분 만에 마주쳤습니다. ㉮ 배는 ㉯ 배와 마주친 지 30분 만에 B 지점에 도착했고, ㉯ 배는 ㉮ 배가 B 지점에 도착하는 순간에 A 지점에서 $10\frac{1}{2}$ km 떨어진 지점에 있었습니다. 흐르지 않는 물에서 두 배의 빠르기가 같다면 강물은 한 시간에 몇 km씩 흐르는지 소수로 나타내시오. (단, 강물은 일정한 빠르기로 상류에서 하류로 흐릅니다.)

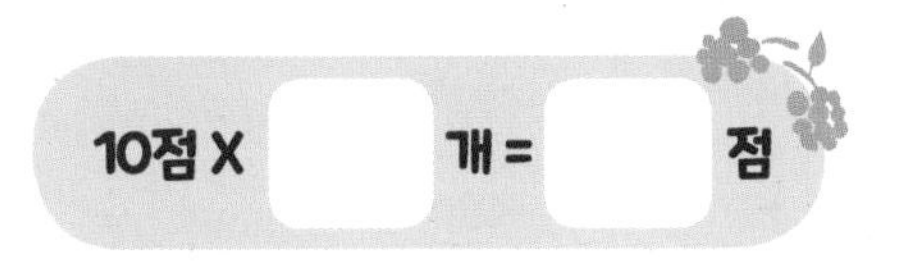

도전 3 경시 대비 평가

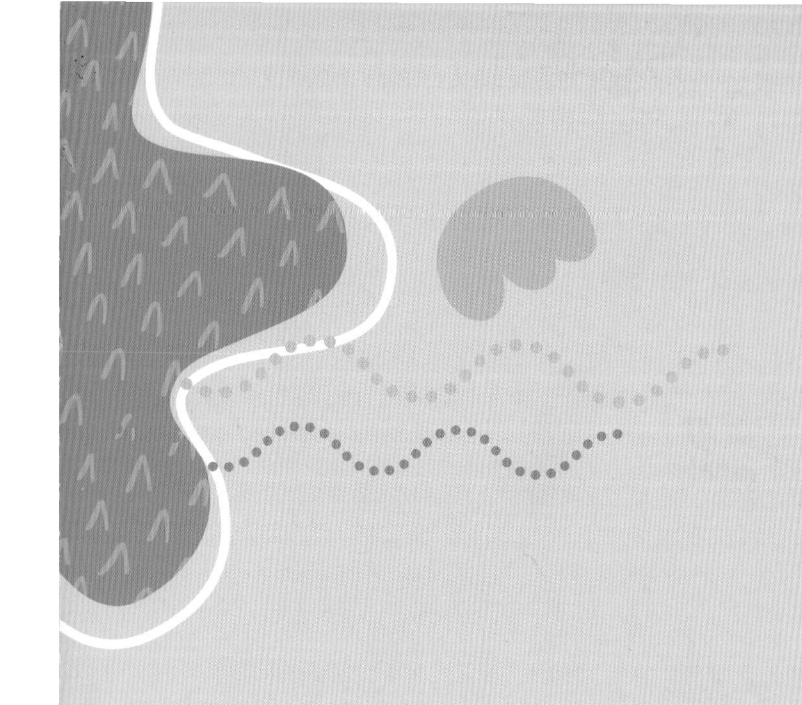

문제 해결의 길잡이

심화

도전 3 경시 대비 평가

최고 수준 문제로 교내외 경시 대회 도전하기

수학 6학년

Mirae N 에듀